上海市高水平地方高校建设项目资助

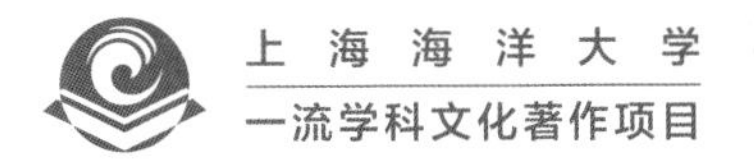

水族科学与技术专业史

（2003—2023）

陈再忠 谭洪新 主编 高建忠 温彬 徐灿 副主编

Aquarium Science and Technology（2003—2023）

上海三联书店

序

2003年，上海水产大学率先在国内设立水族科学与技术本科专业，开启了我国水族科学与技术专业高等教育的历史篇章。水族科学与技术专业结合服务国家休闲渔业经济发展的需要，经过二十载建设，明确了“以培养复合型人才为主”的人才培养目标，构建了一套基于水族科学与技术专业应用型本科人才知识、能力和素质培养于一体的教学体系，打造了一支年轻有朝气的专业师资团队，搭建了一个设施齐备的教学、科研、实践平台。2020年，上海海洋大学水族科学与技术专业被教育部批准为国家一流本科专业建设点。

本书第一章介绍了专业的设立背景、历史沿革、专业定位和分布，由陈再忠主笔；第二章从人才培养方案修订、课程和教材建设、实习基地构建方面概述了专业建设的过程，由高建忠主笔；第三章从校内实习实训基地建设、创新创业能力培养、优秀毕业生人物代表三个方面介绍了人才培养成果，由徐灿主笔；第四章重点介绍了二十年如一日积极组织和举办的国际休闲水族展览会和水族科学与产业发展研讨会，为产业的发展群策群力，贡献知识力量，由温彬主笔；第五章重点罗列历届学子、优秀学子名单以及在发展过程中为专业发展做出杰出贡献的专家、学者和产业人才。

二十年一路耕耘，水族科学与技术专业为国家水族科学领域培养了一千两百余名优秀的复合型专业人才，从中走出的行业精英，走出上海，奔赴祖国和世界各地，积极从事休闲渔业及观赏、水族科研、教学、管理等方面的工作。

“耕耘踏浪廿余载，水族学海尽缤纷。”水族产业作为世界渔业产业中的第三大产业，正显示勃勃生机。未来，倘若你有机会进入上海海洋大学水族科学与技术专业进行学习，愿你能用心观察自然之美，去构思、创造、维护、记录你心中完美的水族世界。

目　录

第一章　专业概况

第一节　设立背景

一、专业设置的意义

（一）人民生活水平提高，需要水族产业

20 世纪是劳动的世纪，21 世纪是“劳动 + 休闲”的世纪。随着我国人民生活水平的提高，消费者不再满足于物质生活的提高，而对精神生活提出更高的要求。党的“十六大”确立了全面建设小康社会的奋斗目标，而上海已率先进入小康社会。

水产养殖业本身有两个功能：一是食用功能，二是观赏功能。但后者是人类社会发展到一定阶段后的需要。我国 20 世纪解决了“吃鱼难”问题，人均水产品占有量达 34.6 公斤，超出世界平均水平 10 公斤以上。

21 世纪我国人民对水产品的要求是，在物质生活方面要求

"吃好鱼"、吃"放心鱼"。因此，当前我国渔业在产业结构上正在进行战略性的调整：从传统渔业向现代化渔业转化；从数量型向质量型转化。在精神生活方面，随着人民生活水平的提高，对水产品的观赏功能的要求就越来越迫切。

在宠物饲养方面，国际上将人们饲养（栽培）的宠物分为A、B、C三级。其中：

C级——初级：猫、狗等动物；

B级——中级：花、鸟类；

A级——高级：观赏水族类。

在观赏水族方面，又根据设施要求和饲养技术难度分为：

AC级——普通型：淡水温带观赏鱼类（如金鱼等）；

AB级——中档型：淡水热带观赏鱼类（如七彩神仙鱼等）；

AA级——高档型：海水珊瑚礁鱼类（如长鼻蝴蝶鱼等）。

观赏水族的饲养较困难，设施和技术要求均较高，也反映了家庭（或企业）的生活（或发展）水平。随着上海等大城市生活水平的逐步提高，人们不再满足"C级""B级"宠物的饲养，已开始热衷于观赏水族的饲养，各大城市的水族馆渔业、观赏渔业、游钓渔业、宾馆渔业等相关行业正蓬勃发展，形成一个新的产业——水族产业。

（二）产业发展的需要

在经济发达国家，随着人民生活水平的提高，水族产业在渔业总产值中的比例越来越高。如美国，水族产业的产值在渔业总产值中占首位，新加坡水族产业的产值已超过水产品供食用的产值。我国的水族产业早在20世纪80年代中期就已开始起步。随着我国人民生活的改善，到90年代迅速发展。据上海市水产办公室预计，到2010年，上海水族产业的产值将超过渔业供食用的产值。但我国水族产业与发达国家相比，还有很大差距。主要表现在：

1. 水族产业的市场不能满足人们休闲的需要

以上海为例，观赏水族馆、水族展等活动已进入寻常百姓家庭，上海市观赏鱼和观赏水草的消费量正以每年平均23%的速度增长。2002年上海各种观赏鱼的消耗量达6800万尾，但是上海生产的观赏鱼只能供应15%，特别是海水珊瑚礁鱼类，绝大部分都不能繁殖，需要从国内外引进，且观赏的时间短。2002年上海各种观赏水草的消耗量为1100万棵左右（不包括出口量）；但上海生产的观赏水草只有0.2%，绝大部分依赖外界供应。

2. 水族产业的发展与市场要求不相适应

我国水族产业与发达国家相比还有很大差距，主要表现在：

（1）规模小、分工粗，缺乏系统科学研究支撑，产业化困难。

（2）经营的档次低。

观赏鱼类的对象大部分是“AC”级，一部分是“AB”级，仅少量是“AA”级。游钓渔业的对象大多是常规鱼类，水平低。大中城市“渔文化”的内涵简单，缺乏家居、环境、自然的整体构思与配套服务。

（3）出口数量低

随着改革开放的进一步发展，观赏水族需求量逐步上升，但远不能满足国内外城市渔业发展的需要。据联合国有关组织 1998 年对世界观赏鱼类的贸易量统计表明，我国观赏水族的贸易量与发达国家相比，差距很大。

世界观赏水族贸易产值（1998 年）

国家 / 地区	新加坡与马来半岛	日本	美国	德国	澳大利亚	泰国	韩国	中国
产值（亿美元）	17.3	16.8	15.5	8.5	3.2	2.1	1.1	1.86

（4）缺乏相应的理论指导

我国的观赏渔业，早在唐代中叶（公元 725—731 年）就开始产生。但作为一门学科，至今尚未成熟。目前在观赏水族的养殖理论和技术方面，往往借鉴传统的水产养殖理论与技术；特别是在养殖设施方面，还未配套成型。由于缺乏与之相适应的理论和技术指导，影响了珍贵观赏水族的养殖，制约了水族产业的发展。

之所以产生上述问题，关键是水族产业缺乏必要的科技支撑，缺乏科技的投入，缺乏一系列的科技人才。

（三）21 世纪水产养殖学科发展的需要

目前全国已有水产养殖（本科）专业的院校 65 所之多，但其主要支撑学科是生命科学，而水族科学是在传统水产养殖学科基础上发展起来的新学科，其支撑学科除生命科学外，还须有水环境科学、环境工程等多学科的支撑，因此传统的水产养殖专业人才较难适应水族产业的需要。目前的市场需求和相应学科的发展已为水族科学与技术的建立提供了现实基础。成立水族学科也是水产养殖学科发展到一定阶段的必然产物，创建水族科学与技术专业已刻不容缓。

于是，在生命学院王武教授和蔡生力教授等老师的大力倡导下，在学院和校相关职能领导的支持下，上海水产大学于2003年在全国率先招收“水族科学与技术”（当时为“都市渔业”）专业本科生，当年报考人数众多，计划试招30名学生，但仅上海地区第一志愿分数线上考生即达50余名。

二、国外同类专业设置情况

国际上发达国家除了市场刺激生产外，与其相适应的学科也得到了发展，使水族产业在发展过程中能得到理论与技术的指导，这就为水族产业的发展打下了扎实基础。如美国、英国等发达国家早已开设水族科学本科专业，英国不少学院还开设了大专班。在国外设立的专业中，与水族科学与技术专业相近的有：

1. 水族科学专业（Aquarium Sciences）

设在美国洪堡州立大学（Humboldt State University）自然资源科学学院（College of Natural Resources and Sciences）的渔业生物学系（Department of Fisheries Biology）。

美国洪堡州立大学水族科学专业的课程

课程序号及名称	中文名称	学分
Lower division　低年级（一、二年级）课程（学分 31）		
BIOL 105 Principles of Biology	生物学原理	4
BIOM 109 Introductory Biometrics	生物统计学导论	4
FISH 110 Introduction to Fisheries	渔业概论	1
MATH 105 Calculus for the Biological Sciences & Natural Resources	微积分	3
ZOOL 110 General Zoology	普通动物学	4
CHEM 107 Fundamentals of Chemistry	化学基础	4
CHEM 328 Organic Chemistry	有机化学	4
PHYX 106 College Physics：Mechanics & Heat	大学物理：力学与热学	4
GEOL 109 General Geology	普通地质学	3
Upper division　高年级（三、四年级）课程（学分 30）		
FISH 310 Ichthyology	鱼类学	5
FISH 380 Techniques in Fishery Biology	渔业生物技术	3
FISH 460 Principles of Fishery Management	渔业管理原理	3
FISH 495 Senior Fisheries Seminar	高级渔业研讨会	1
FISH 314 Fishery Science Communication	渔业科学交流	3
BIOL 369 Professional Writing in the Life Sciences	生命科学专业写作	4
三选一		
BIOL 410 Cell Biology	细胞生物学	4
FISH 311 Fish Physiology	鱼类生理学	3
ZOOL 310 Animal Physiology	动物生理学	4
三选一		
BIOL 340 Genetics	遗传学	4
BIOL 345 Genetics with Population Emphasis	遗传学（群体部分）	4
FISH 474 Genetic Applications in Fish Management	遗传学在鱼类管理中的应用	3

（续表）

课程序号及名称	中文名称	学分
五选一		
BIOM 333 Intermediate Statistics	中级统计学	4
BIOM 406 Introduction to Sampling Theory	抽样理论导论	4
BIOM 408 Experimental Design & ANOVA	实验设计与方差分析	4
BIOM 508 Multivariate Biometry	多元生物统计	4
FISH 450 Introductory Fish Population Dynamics	鱼群动力学导论	4
专业选修课（学分 36）		
FISH 430/430L Ecology of Freshwater Fishes/Lab	淡水鱼类生态学及实验	3 + 1
FISH 435 Ecology of Marine Fishes	海水鱼类生态学	4
BIOL 330 Principles of Ecology	生态学原理	3
FISH 444 Aquarium Sciences	水族科学	4
FISH 471 Fish Health Management	鱼类健康管理	3
FISH 375 Mariculture	海水养殖	3
FISH 370/370L Aquaculture/Practicum	水产养殖及实习	3 + 1
ZOOL 314 Invertebrate Zoology	无脊椎动物学	5
BA 110 Introduction to Business	商务导论	3
BA 375 Management Essentials	管理概论	3

2. 水产养殖与水族科学专业（Aquaculture and Aquarium Sciences）

设在新英格兰大学（University of New England）人文与科学学院（College of Arts and Sciences）的生物科学系（Department of Biological Sciences）。

美国新英格兰大学水产养殖与水族科学专业的课程

课程序号及名称	中文名称	学分
Required Program Courses 必修课（学分 41）		
BIO 100-Biology I **BIO 100L-Biology I Lab**	生物学 1	4
BIO 101-Biology II **BIO 101L-Biology II Lab**	生物学 2	4
BIO 200-Genetics **BIO 200L-Genetics Lab** **BIO 200S-Genetics Recitation**	遗传学	5
BIO 204-Parasitology **BIO 204L-Parasitology Lab**	寄生虫学	4
BIO 221-Principles of Aquaculture	水产养殖原理	3
BIO 222-Techniques in Finfish and Shellfish Culture **BIO 222L-Finfish/Shellfish Culture Lab**	鱼虾蟹贝养殖技术	4
BIO 223-Health，Nutrition and Feeding of Cultured Organisms **BIO 223L-Hlth, Nutr, Feed Cult. Org Lab**	养殖种类的病害、营养与投饲	4
BIO 225-Gulf of Maine Seminar	缅因湾研讨课	1
BIO 226-Microbiology **BIO 226L-Microbiology Lab**	微生物学	4
BIO 250-Marine Biology **BIO 250L-Marine Biology Lab**	海洋生物学	4
BIO 323-Principles of Aquarium Operations and Science **BIO 323L-Prin Aquarium Science Oper Lab**	水族操作与科学原理	4
Topic Areas（to be selected in consultation with advisor） 选修课（学分 14）		
Physiology	生理学	4
Ecology	生态学	4
BIO 495-Internship	实习	6
Required Science and Mathematics Courses 必修课（理科）（学分 11）		
CHE 110-Chemistry I **CHE 110L-General Chemistry I Lab**	化学 1	4

（续表）

课程序号及名称	中文名称	学分
CHE 111-Chemistry II **CHE 111L-General Chemistry II Lab**	化学 2	4
MAT 150-Statistics for Life Sciences	生物统计学	3
Required College of Arts and Sciences Courses 必修课（文科）（学分 6）		
BUMG 508-Mgmt and Business Principles	管理学与商务学原理	3
BUMG 509-Mgmt and Business Application	管理学与商务学应用	3
Highly Recommended（学分 14）		
CHE 307-Quantitative Analysis CHE 307L-Quantitative Analysis Lab	定量分析	5
CITM 100-Introduction to Microcomputer Software	电脑软件入门	3
EDU 202-Curriculum Theory & Design	课程理论与设计	3
SPC 100-Effective Public Speaking	公众演讲	3
其他选修课在 120 学分以上		

3. 动物园与水族科学专业（Zoo & Aquarium Science）

设在密歇根州立大学（Michigan State University）自然科学学院（College of Natural Science）的动物系（Department of Zoology）。

美国密歇根州立大学动物园与水族科学专业课程

课程序号及名称	中文名称	学分
Required Core 主干课程（学分 11—12）		
ZOL 369 Introduction to Zoo & Aquarium Science	动物园与水族科学概论	3
ZOL 313 Animal Behavior	动物行为学	3
ZOL 489 Seminar in Zoo & Aquarium Sci.	动物园与水族科学研讨会	2
ZOL 496 Capstone：Internship	实习	3—4

（续表）

课程序号及名称	中文名称	学分
University Requirements　大学必修课（学分 20）		
College of Natural Science Requirements　学院必修课（学分 27）		
BS 110 Organisms and Populations	生物个体与群体	4
CEM 141 General Chemistry	普通化学	4
CEM 161 Chemistry I Laboratory	化学实验 1	1
CEM 251 Organic Chemistry I	有机化学 1	3
PHY 231 Introductory Physics I	物理学导论 1	3
PHY 232 Introductory Physics II	物理学导论 2	3
PHY 251 Introductory Physics Lab. I	物理学导论 1 实验	1
PHY 252 Introductory Physics Lab. II	物理学导论 2 实验	1
三选一		3—5
MTH 120 Algebra and a Survey of Calculus	几何学与微积分概论	5
MTH 124 Survey of Calc. with Apps. I	微积分概论与应用 1	3
MTH 132 Calculus I	微积分 1	3
五选一		3—4
MTH 126 Survey of Calc. with Apps. II	微积分概论与应用 2	3
MTH 133 Calculus II	微积分 2	4
STT 201 Statistical Methods	统计方法	4
STT 231 Statistics for Scientists	科学统计	3
STT 421 Statistics I	统计学 1	3
Department of Zoology Requirements　系必修课（理科）（学分 44）		
BS 111 Cells and Molecules	细胞与分子学	3
BS 111L Cells and Molecules Laboratory	细胞与分子学实验	2
CEM 252 Organic Chemistry II	有机化学 2	3
CEM 255 Organic Chemistry Laboratory	有机化学实验	2
ZOL 355 Ecology	生态学	3
ZOL 355L Ecology Laboratory	生态学实验	2
ZOL 341 Fundamental Genetics	遗传学基础	4

（续表）

课程序号及名称	中文名称	学分
ZOL 320 Developmental Biology	发育生物学	4
ZOL 445 Evolution	进化学	3
ZOL 328 Comparative Anatomy and Biology of Vertebrates	脊椎动物比较解剖生物学	4
一门以上		3—4
FW 471 Ichthyology	鱼类学	3
ZOL 365 Biology of Mammals	哺乳动物生物学	4
ZOL 360 Biology of Birds	鸟类生物学	4
ZOL 384 Biology of Amphibians & Reptiles	两栖与爬行动物生物学	3
一门以上		3—4
ANS 313 Principles of Anim. Feed. & Nutrit.	动物营养与饲料	4
ANS 314 Genetic Improv. of Farm Animals	养殖动物的遗传改良	4
ANS 315 Anatomy & Phys of Farm Animals	养殖动物的解剖学与生理学	4
FW 444 Conservation Biology	保护生物学	3
FW 472 Limnology	湖沼学	3
ZOL 353 Marine Biology	海洋生物学	4
两门		7—8
FW 364 Ecosystem Processes	生态过程	3
FW 49A Pop. Analysis & Management	群体分析与管理	4
GLG 303 Oceanography	海洋学	4
ZOL 483 Environmental Physiology	环境生理学	4
ZOL 370 Introduction to Zoogeography	动物地理学概论	3
一门以上专业课		17
AL 485 Museum Studies	博物馆研究	3
AL 494 Museum Exhibits Theory & Devel.	博物馆展览理论与发展	3
AL 487 Approaches to Museum Education	走近博物馆教育	3
ANS 405 Endocrinology of Reproduction	繁殖内分泌学	3
ANS 407 Food and Animal Toxicology	饲料与动物毒理学	3
ANS 413 Non-Ruminant Nutrition	非反刍动物营养学	4

（续表）

课程序号及名称	中文名称	学分
ANS 414 Advanced Animal Breeding & Genetics	高级动物遗传与育种学	4
ANS 455 Avian Physiology	鸟类生理学	3
ANS 483 Ruminant Nutrition	反刍动物营养学	3
FW 324 Wildlife Biometry	野生动物生物几何学	3
FW 410 Upland Ecosystem Management	高地生态系管理	4
FW 412 Wetland Ecosystem Management	湿地生态系管理	3
FW 328 Vertebrate Pest Control	脊椎动物病虫害防治	3
FW 431 Comparative Limnology	比较湖沼学	4
FW 434 Human Dimensions of Fisheries and Wildlife Management	渔业与野生动物管理的人为作用	3
FW 475 Aquaculture	水产养殖	3
FW 860 Wildlife Nutrition	野生动物营养学	3
PRR 215 Recreation Program Management	休闲项目管理	3
PRR 302 Environ. Attitudes and Concepts	环境观点与概念	3
PRR 320 Human Behav. in Pks & Rec. Sys.	公园与休闲体系的人类行为	3
PRR 351 Recreation and Natural Resources Communication	休闲与自然资源交流	3
PRR 370 Administration and Operation of Park and Recreation Systems	公园和休闲体系的管理与操作	4
PRR 451 Park Interpretive Services and Visitor Information Systems	公园解说和参观信息系统	3
PSY 101 Introductory Psychology	心理学导论	4
PSY 308 Behavioral Neuroscience	行为神经学	3
ZOL 316 General Parasitology	普通寄生虫学	3
ZOL 316L General Parasitology Laboratory	普通寄生虫学实验	1
ZOL 306 Invertebrate Biology	无脊椎动物学	4
ZOL 342 Advanced Genetics	高级遗传学	3
ZOL 415 Ecological Aspects of Animal Behavior	动物行为生态观	3
ZOL 485 Tropical Biology	热带生物学	3
总　计		120

它们在课程设置上有以下几方面特点：

（1）基础课与专业课的衔接较好：在一些课程的内容简介中明确提出上课之前必须学习哪些课程，这样就能够保证上此课时有充分的准备，从而达到较好的学习效果；

（2）课程的总学分数较少：一般在 120 学分左右；

（3）选修课所占比例较高：一般占总学分的 50% 左右；

（4）研讨课较多；

（5）实习的学分较少：3—6 学分不等，而目前我校为 15 学分。

发达国家正是有了针对性强的水族科学的理论与养殖技术，他们的观赏水族产业才能不断健康地发展，并不断涌现出新的产品。

综上所述，水族产业正显示勃勃生机。目前，上海从事水族产业的科研、教学和行政部门均被高度关注。可以预见，水族产业是城市经济发展到一定阶段后的必然产物，成为一项新兴产业，就需要与之相适应的理论与技术支持。时代需要培养水族产业方面的专门人才，时代呼唤迅速建立与之相适应的学科——水族科学与技术。

第二节　历史沿革

2003 年上海水产大学率先提出创设水族科学与技术专业，开始招收本专业首届学生，2004 年根据教育部教高函［2004］3 号文正式获得批准设立水族科学与技术专业（专业代码为 090703S），2006 年被列为上海市第二批本科教育高地建设项目，经过三年的建设，2009 年教育高地建设项目通过上海市教委验收，2012 年被正式列入教育部本科专业名录，2014 年入选国家首批卓越农林人才教育培养计划改革试点，2016 年卓越班正式开班，2018 年入选上海市教育委员会一流本科建设，2020 年入选教育部国家一流专业建设点。

第三节　专业定位

根据学校发展规划，本专业的发展定位为扶特专业，目标是建成特色专业，确保发展特色，成为水产养殖学科的新兴领域。本专业是通过对特殊经济价值水生动植物的生物学、环境科学及相应管理科学的研究，以自然和人工水体为平台，以观赏、休闲、旅游、环保并构建和谐环境为目的，以室外水域景观、室内大型水族馆和家居水族箱为主要内容，集景观设计学、水族科学、水产生物学和物流等学科为一体，安排水域及附属物与周围土地、物体和空间的和谐关系，为人们创造安全、高效、健康和舒适的环境，为我国大中城市的休闲渔业（水族馆渔业、观赏渔业、游钓渔业、宾馆渔业等）服务的新兴应用型专业。

专业的定位：对接国家休闲渔业发展战略和产业需求，瞄准国内外水族产业的发展趋势，以水族产业可持续发展为目标，为人们创造安全、高效、健康和舒适的环境，为休闲渔业（水族馆渔业、观赏渔业、游钓渔业、宾馆渔业等）服务的应用型专业。

本专业培养具有全球视野，具备观赏水族养殖与鉴赏、繁殖与育种、水质调控、营养与饲料、病害防治、水族工程设计、经营管理等方面的知识与能力，能够在水族馆、景观设计公司、水族生产企业、饲料生产、技术推广等企事业单位从事生产、科研、管理等工作的具有创新能力和社会责任的复合型专业人才。

本专业的学生主要学习现代生物科学和环境科学的基本理论以及观赏水族的养殖、水族产业的经营和管理等方面的知识，受到有关生物学和化学实验教学、观赏水族养殖实践性环节、计算机应用等方面的基本训练，掌握观赏水族养殖技术、水域环境控制、营养与饲料、病害防治等方面的基本能力。毕业生应获得以下几方面的知识和能力：

（1）掌握现代生物科学（包括形态、分类、生态、生理生化、遗传育种等）和环境科学（包括生态系统、环境分析、环境保护等）的基本理论；

（2）掌握观赏水生动植物的养殖（栽培）技术、营养与饲料、病害防治、游钓等方面的基本知识和基本技能；

（3）掌握主要观赏水生动植物的人工育苗、育种和成体的集约化养殖等生产环节的技术关键；

（4）掌握水族产业有关的经营管理和规划的基本方法，并应了解现代化养殖设施、海洋渔业和水产品加工利用的基本知识；

（5）了解观赏水族养殖学和生命科学的前沿和发展趋势；

（6）熟悉有关水产资源保护、环境保护、水产养殖、捕捞和渔政等方面的方针、政策和法规；

（7）具有扎实的计算机基本知识，能熟练地应用计算机；

（8）掌握一门外国语，能熟练地阅读本专业的外文书刊；

（9）掌握文献检索、资料查询的基本方法；

（10）具有一定的辩证唯物主义的逻辑思维能力、自学能力、创新能力、组织管理能力、科学研究和实际工作能力。

第四节　专业分布

2004 年，在上海海洋大学（原上海水产大学）的倡导下，水族科学与技术专业正式获得教育主管部门批准（见教高函［2004］3 号文），并在上海海洋大学和华中农业大学率先设立。

2006 年 3 月，教育部公布了《2005 年度教育部备案或批准设置的高等学校本专科专业结果的通知》，其中湖南农业大学获准自 2006 年开始招收水族科学与技术专业的学生。

2008 年 1 月，教育部公布的《教育部关于公布 2007 年度高等学校专业设置备案或审批结果的通知》，其中天津农学院获准自 2008 年开始招收本专业学生。

2010 年 1 月 22 日，教育部公布《教育部关于公布 2009 年度高等学校专业设置备案或审批结果的通知》，淮海工学院获准自 2010 年开始招生。

2011 年 3 月 8 日，教育部公布《教育部关于公布 2010 年度高等学校专业设置备案或审批结果的通知》，西南大学获准自 2011 年开始招生，2012 年大连海洋大学、2013 年青岛农业大学、河南师范大学、2014 年河南科技大学、2017 年信阳农林学院、2018 年山东农业大学、河北科技师范学院先后获得招生资格。截至 2018 年，国内已经有 13 所高校开设了水族科学与技术专业。

在专业定位方面，除华中农业大学水族科学与技术专业侧重于水产生物技术和水产品安全之外，国外以及其他院校都是与我校基本一致的。

第二章　专业建设

第一节　培养方案修订

在2003年准备招收第一届水产养殖专业（都市渔业方向）学生时，以已有水产养殖专业的培养方案为基础，突出水族科学与技术专业的特色，制定了水族科学与技术专业的第一版培养方案。

一、培养方案制定原则

1. 本科教育定位

水族科学与技术专业的本科教学应从专才教育转变为通才教育，从知识教育转变为能力教育，从应试教学转变为素质教育，并将“知识—能力—素质”三者有机结合起来。因此本科教育的关键是扩大知识面，加强综合能力的培养，其核心是创新思维的培养，培养学生对社会主义事业的责任感和水族事业的事业心，以提高学生学习的主动性。

2. 课程内容定位

水族科学与技术专业（本科）的课程设置以基础型、通用型课程为主，专业型为辅。要求基础扎实，内容广博，以便与大专生、研究生有明显区别。其公共课大学通用；学科基础课生物学科、农科通用；选修课全校通用；而专业课以水族科学与技术、水环境控制为基础，以观赏鱼类为核心，加强经济管理的课程，并强调先进性、科学性和可操作性。

3. 素质教育定位

学校的首要任务是教育学生学会如何做人。特别是在目前大学生以独生子女为主的情况下，显然尤其重要。不仅要初步树立正确的世界观、人生观和价值观，而且要培养学生自立、自强和艰苦奋斗的精神，培养互助协作的团队精神，培养良好的自身修养和高尚的情操。

4. 学习方法定位

加强自学能力的培养，使学生学会如何学习。教师要改变“填鸭式”的教学方法，采用课堂讨论、小型实验、社会实践等生动活泼的学习方法，培养学生的自学能力。

5. 实践性环节定位

应充分发挥观赏鱼养殖多姿多彩的特点，将课堂、实验室、校内外生产实习基地、水族馆等实践性环节紧密结合起来，建立以学生“学习、实践、思考、研究、创新”为中心的实践机制，使“知识—能力—素质”三者有机结合。

6. 理论教学学时数

本科理论教学的总学时数控制在2600学时左右。即每个学生每个教学日平均为4学时左右。让学生有足够的课外活动时间主动学习，包括自学、选修、辅修其他课程，培养学生的个性发展；要求教师精选内容，改革教学方法，用更少的学时完成教学任务。

二、教学计划

（一）制定原则

1. 理论教学模块化。由公共基础课模块（1）、公共基础课模块（2）、专业基础课模块、专业方向选修课模块、专业相关选修课模块、综合知识与素质教育选修课模块六个部分组成。

2. 公共基础课（1）全校统一，以确保大学生应有的基本政治素质和文化修养；公共基础课（2）与专业基础课，全院统一，并与农科类、生物类本科通用；设置特色、品牌课程，包括：观赏水族养殖学、游钓渔业学，可作为全校和跨学校的选修课程。

3. 本方案在拓宽专业面上，重点是抓住生物学、水环境控制技术和经营管理学三个关键学科。本方案创新能力培养的着眼点是跨学科、跨专业的创新，主要也是以这三个学科为基础。

4. 增加选修课的课程数量。由于水族科学与技术专业涉及面广，因此必须扩大选修课选修的领域。学生根据爱好和研究需要选修，教师因材施教，培养其个性发展。同时通过各学科的互相渗透、互相交融，培养创新型的人才，以适应社会需要，增强人才市场的竞争力。

5. 以实践性环节为突破口和结合点，将“素质—知识—能力”有机结合起来。

生产实习分基础实习和实践深化两个阶段。基础实习阶段包括学生必须掌握的实践性环节（包括水族设施、观赏鱼类的人工繁殖、育苗、苗种培育、观赏植物栽培、病害防治、经营管理）；实践深化阶段是为了拓宽知识面，进一步加深对专业某一方面的理解和掌握，以培养学生的个性发展。其实践环节包括：游钓渔业学、设施渔业学、水族馆经营管理学等，原则上每个学生选择1—2个内容。

毕业论文课题自第7学期初确定，学生可在第7学期的空余时间就开始进行试验研究，并开始进学科点，接受指导教师研究课题，进入科研角色。从而也加强了第7学期选修课的针对性。

（二）各学期课程安排的指导思想

根据教学规律和认识事物的规律，以模块形式安排相关课程。其中：

第1、2学期：以公共基础课为主。

第3学期：以生物学的专业基础课为主。

第4学期：以环境科学的课程为主，安排2周水族馆综合教学实践（观赏水族种类、饲养或栽培方法等）。

第5学期：以生命科学的课程为主。

第 6 学期：以水族科学等专业方向选修课为主，根据实践内容，安排 4—6 周综合实践性环节的教学，内容以观赏水族的繁育（或栽培）及水族产业的经营为主。

第 7 学期：学生开始做毕业论文，分别进各学科点，以选修课为主，根据研究方向选修。

第 8 学期：以毕业论文为主（详见表 2：水产养殖学科本科指导性教学计划）。

三、主干课程

（一）课程名称

1. 主干课程：生物学、水环境科学、水族科学和经营管理学。

2. 主要专业课程：观赏水族养殖学、观赏水草栽培学、游钓渔业学、水族馆概论、观赏水族营养与饲料学、观赏水族疾病防治学、水处理技术、景观生态学，水族业的经营管理学等。

（二）主要专业课程内容摘要

1. 观赏水族养殖学

主要介绍我国观赏水族的发展现状和趋势；主要观赏水族的分类、分布。主要观赏鱼类的生物学、生长要求的生态条件、繁殖与养殖技术。

2. 观赏水草栽培学

主要介绍栽培观赏水草的生物学意义，观赏水草的分类、分布，观赏水草的生物学、生长、繁殖要求，栽培技术，水草与水族搭配艺术以及病害防治技术等。

3. 观赏水族营养与饲料学

主要介绍水生观赏动物的营养要素及营养需求，水生观赏动物营养研究方法，饲料原料学、水生观赏动物营养与饲料的特点及饲料配方设计和加工技术等。

4. 观赏水族疾病防治学

讲授观赏水生动物疾病的发病原因、流行规律、病理变化以及诊断和防治方法。结合讲课内容，对主要观赏水生动物疾病的病原及病理进行实验观察，通过学习，要求掌握各种疾病的理论知识以及疾病诊断和防治的基本技能。

5. 游钓渔业学

主要介绍我国游钓渔业的历史、现状和发展趋势，我国的游钓渔业资源，游钓环境的选择以及钓具、钓饵与钓鱼技巧。并概述了我国的钓鱼文化、钓鱼技术及钓鱼运动以及如何组织与参加游钓活动等。

6. 生物饵料培养

讲授生物学饵料在水生观赏动物和苗种生产过程中所应用的主要种类以及它们的生物学特性、培养技术、纯种分离和保存技术。并通过实验，掌握主要常用生物饵料的形态、大小和数量的测定，纯种分离，培养技术和强化营养技术等。

7. 水族馆概论

主要介绍国内外水族馆产业的发展过程、现状、存在问题和发展趋势。介绍以科普教育、科研、自然保护和娱乐休闲为目的，饲养和展示人造水生态系统——水族馆的设计要求，功能和作用。并对人造水生态系统的核心——水处理系统各种设施的主要组成、作用原理、效果以及经济效益进行深入阐明。

8. 闭合循环水产养殖学

主要介绍闭合循环水体养殖的特点，闭合循环设施的结构与功能，特别是各种水处理的类型、技术以及养殖方法。

9. 水族的经营管理学

主要介绍水族产业的经营战略、计划和决策，水族业的市场与开发，以及企业的生产管理、销售管理、技术与质量管理、设备管理、劳动管理及财务管理等。

四、培养模式

主干学科：生物学、环境学、水族科学。

主要课程：动物学、水生生物学、水环境化学、观赏水族养殖学、观赏水族营养与饲料、观赏水族疾病防治、闭合循环水产养殖学、水处理技术，水族业经营管理学等。

主要实践性教育环节：包括教学实习、生产实习、社会调查、毕业论文等，通常安排 21 周。

修业年限：四年。

授予学位：理学或农学学士。

相近专业：水产养殖、生物科学、环境科学、环境工程。

教育部以教高函［2004］3号文批准设立水族科学与技术专业（下简称水族专业），专业代码090703S，隶属农学学科（09）水产类（0907），属目录外专业。对2003年制定的水族科学与技术专业的培养方案进行了调整，主要表现在以下几个方面：

（一）培养目标：本专业培养具有观赏水族养殖与鉴赏、繁殖与育种、水质调控、营养与饲料、病害防治、水族工程设计、经营管理等方面知识与能力，能够在水族产业的企事业单位从事休闲渔业及观赏水族科研、开发、教学、管理等工作的复合型科学技术人才。

（二）业务培养要求：本专业学生主要学习现代生物科学和环境科学的基本理论以及观赏水族的养殖、水族产业的经营和管理等方面的知识，受到有关生物学和化学实验教学、观赏水族养殖实践性环节、计算机应用等方面的基本训练，掌握观赏水族养殖技术、水域环境控制、营养与饲料、病害防治等方面的基本能力。

毕业生应获得以下几方面的知识和能力：

1. 掌握现代生物科学（包括形态、分类、生态、生理生化、遗传育种等）和环境科学（包括生态系统、环境分析、环境保护）的基本理论；

2. 掌握观赏水生动植物的养殖（栽培）技术、营养与饲料、病害防治、工程设计、游钓等方面的基本知识和基本技能；

3. 掌握主要观赏水生动植物的人工育苗、育种和成体的集约化养殖等生产环节的技术关键；

4. 掌握水族产业有关的经营管理和规划的基本方法，并应了解现代化养殖设施、海洋渔业和水产品加工利用的基本知识；

5. 了解观赏水族养殖学和生命科学的前沿和发展趋势；

6. 熟悉有关水产资源保护、环境保护、水产养殖、捕捞和渔政等方面的方针、政策和法规；

7. 具有扎实的计算机基本知识，能熟练地应用计算机；

8. 掌握一门外国语，能熟练地阅读本专业的外文书刊；

9. 掌握文献检索、资料查询的基本方法；

10. 具有一定的辩证唯物主义逻辑思维能力、自学、创新和组织管理能力、科学研究和实际工作能力。

（三）基本学制：四年。

（四）主干学科：生物学、环境科学技术、水产养殖学科。

（五）主要课程：普通动物学、水生生物学、观赏水族养殖学、观赏水草栽培学、游钓渔业学、观赏水族营养与饲料学、观赏水族疾病防治学、水族馆创意与设计、水族工程学、生物饵料培养等。

（六）主要实践教学环节：集中性教学实践共40周，包括水生生物认识实习2周、水族生物调查2 周、生产实习6周、毕业论文16周，以及读书活动、社会调查、素质拓展等实践教学内容。

实验课程则包括基础化学实验、有机化学实验、生物化学实验、普通动物学实验、动物生理学实验、遗传学实验、水生生物学实验、鱼类学实验、微生物学实验、养殖水化学实验、观赏水族养殖学实验、观赏水草栽培学实验、水族工程学实验等。

（七）毕业学分规定：学生毕业最低应取得163.5学分，其中：综合教育必修课41学分，综合教育选修课11学分；学科教育必修课 27 学分，学科教育选修课 8 学分；专业基础必修课 34.5 学分，专业方向选修课 12 学分，专业相关选修课 10 学分；集中安排实践性教学 20 学分。

（八）授予学位：理学学士。

2004 年开始招收第一届水族科学与技术专业的学生，本科生的教学按照 2004 版的培养计划进行。

2008 年和 2010 年又对水族科学与技术专业教学计划进行了修改：

（一）培养规格中毕业生应具有的知识、能力和素质要求作了修改如下：

1. 素质要求：（1）热爱社会主义祖国，拥护中国共产党的领导，掌握马列主义、毛泽东思想和中国特色社会主义理论的基本原理；（2）愿为社会主义现代化建设服务，有为国家富强、民族昌盛而奋斗的志向和责任感；（3）具有勤朴忠实、敬业爱岗、艰苦奋斗、热爱劳动、遵纪守法、诚实守信和团结合作的品质；（4）具有良好的思想品德、社会公德和职业道德。

2. 能力要求：（1）具有扎实的计算机基本知识，能熟练地应用计算机；（2）掌握一门外国语，能熟练地阅读本专业的外文书刊；（3）掌握文献检索、资料查询的基本方法；（4）具有一定的辩证唯物主义逻辑思维能力、自学、创新和组织管理能力、科学研究和实际工作能力。

3. 知识要求：（1）掌握生物的形态与分类、生态、生理生化、遗传育种等方面的基本理论和研究方法；（2）掌握水体的理化特性、分析、调控与处理方法；（3）掌握观赏水生动植物养殖（栽培）与育苗方面的基本知识和关键技术；（4）了解水族企业的基本类型、产品种类与管理方法；（5）了解水族科学的基本概况和发展趋势；（6）熟悉水族产业相关的方针、政策和法规。

（二）主要实验实践教学课程明确

实验课程包括基础化学实验（32学时）、有机化学实验（32学时）、生物化学实验（45学时）、普通动物学实验（27学时）、动物生理学实验（21学时）、遗传学实验（16学时）、水生生物学实验（27学时）、鱼类学实验（30学时）、微生物学实验（27学时）、组织胚胎学实验（40学时）、养殖水化学实验（21学时）、观赏水族养殖学实验（8学时）、观赏水族疾病防治学实验（32学时）、水草栽培学实验（8学时）等。实践实训共计26周，其中水生生物认识实习2周、水族生物调查2周、生产实习6周、毕业论文16周。

（三）学分分配：最低应修学分169.5

2010级本科生教学计划学分分配

项　目	准予毕业	综合教育模块		学科教育模块		专业教育模块			
		必修	选修	必修	选修	必修	方向选修	相关选修	实践实训
最低应修学分	169.5	45	9	37	8	39.5	10	8	13

2011级本科生教学计划学分分配

项　目	准予毕业	综合教育模块		学科教育模块		专业教育模块			
		必修	选修	必修	选修	必修	方向选修	相关选修	实践实训
最低应修学分	170	46	9	36.5	8	39.5	10	8	13

2013 级本科生教学计划学分分配

项　目	准予毕业	综合教育模块		学科教育模块		专业教育模块			
		必修	选修	必修	选修	必修	方向选修	相关选修	实践实训
最低应修学分	171	46	9	36.5	8	40.5	10	8	13

2014 年对培养目标和培养要求又作了修改：

（一）专业代码：2013 级以前为 090703S，2014 版调整为 090603T。

（二）授予学位：根据各个高校反馈的情况以及水产类教指委的意见，将授予的学位由“理学学士”改为“农学学位”。

（三）培养目标：2014 版中明确了专业就业方向，具体为“水族馆、景观设计公司、水族生产企业、进出口贸易、设备加工、饲料生产、技术推广站等企事业单位”。

（四）培养规格：将原先的“能力要求”和“知识要求”合并为“知识和能力要求”，并具体为以下 7 个方面，以便在课程体系设置的时候能够形成有力的支撑：（1）具备良好的政治思想意识和自我管理能力；（2）具有一定的辩证唯物主义逻辑思维和分析能力；（3）系统地掌握环境科学基本理论和知识；（4）具备扎实的生物科学理论基础；（5）学习完整的水族科学基本理论知识体系；（6）具有一定的科学研究和创新能力；（7）具有较强的实践操作能力。

（五）新提出了专业特色与特点：本专业主要学习现代生物科学和环境科学的基本理论，以自然和人工水体为平台，以观赏、休闲、环保并构建和谐环境为目的，以室外水域景观、室内大型水族馆和家居水族箱为主要内容，集景观设计学、水族科学、水产养殖学等学科为一体，受到有关生物类、环境类和养殖类实验教学、生产性实践、科技论文撰写等方面的基础训练，具备水族馆经营、观赏水族养殖与育种、水域环境控制、景观水体设计、渔药与饲料研制、疾病防治等方面的基本能力。

（六）主要课程：

2014 版中主要课程调整情况

	2014 版
普通动物学	×
游钓渔业	×
水生生物学	保留
观赏水族养殖学	保留
观赏水族疾病防治学	保留
观赏水族营养与饲料学	保留
水族工程学	保留
水草栽培学	保留
水族馆创意与设计	保留
生物饵料培养	保留
遗传学	新增
微生物学	新增
养殖水化学	新增
组织胚胎学	新增

（七）主要实践教学环节：2014 版中将生产实习的学分由 3 学分调整到 5 学分，并新增了水族综合实训（一）和水族综合实训（二），总学分（总周数）由 13 学分（26 周）增加到 17 学分（34

周），更加凸显了实践环节的重要性，为学生的创新创业奠定了基础。

2014 版中主要实践教学环节调整情况

	2014 版
水生生物认识实习	调整为“专业认知实习”，重新制订了教学大纲
生产实习	由 3 学分（6 周）调整为 5 学分（10 周）
水族综合实训（一）	新增
水族综合实训（二）	新增

（八）毕业学分要求

2014 版中不同模块学分调整情况

版本	最低应修学分	综合与通识教育		学科基础教育	专业知识教育		专业实践实训
		必修	选修		必修	选修	
2013 版	171	46	9	44.5	40.5	18	13
2014 版	168	38	10	44.5	34.5	24	17

（九）学科教育模块课程体系

根据教学实际情况和学生的反映，删去了大学物理、线性代数、概率论与数理统计等 3 门课程，并且将普通动物学的开课学期由第 2 学期提前到第 1 学期、将水生生物学由第 4 学期提前到第 2 学期、将鱼类学由第 3 学期提前到第 2 学期，为专业学生尽早接触专业课、后续实践课程的开设、创新项目的实施等创造了条件。

（十）将能力素质的培养与课程体系有机结合，培养目标的实现更有效。

（十一）梳理了专业核心课程和实践环节，对其内容和方式方法明确了要求。

2018级本科生培养方案修订了总学分，提升了专业实践实训环节的学分比例。

<table>
<tr><th rowspan="2">项　目</th><th rowspan="2">准予毕业</th><th colspan="2">综合与通识教育</th><th rowspan="2">学科基础教育</th><th colspan="3">专业知识教育</th><th rowspan="2">专业实践实训</th></tr>
<tr><th>必修</th><th>选修</th><th>必修</th><th>限选</th><th>任选</th></tr>
<tr><td>最低应修学分</td><td>161</td><td>35</td><td>10</td><td>41</td><td>28</td><td>4</td><td>12</td><td>31</td></tr>
</table>

第二节 课程、教材

一、课程建设

从2004年水族科学与技术专业设立以来，按照培养方案，加强了课程建设，在原有的基础上，列出了课程建设规划。

《养殖水化学》(2003)、《水生生物学》(2004)、《鱼类学》(2005)、《鱼类增养殖学》(2006)、《生物饵料培养》(2008)先后被评为上海市精品课程，《鱼类学》(2006)、《鱼类增养殖学》(2008)分别被评为国家级精品课程。2007年获上海市及校级重点课程建设资助的有《微生物学》《遗传学》《组织胚胎学》《水产动物疾病学》《动物生理学》《光镜与电镜》《贝类学》。

2007年5月以来，又重点建设了《观赏水族养殖学》《水族医学》《游钓渔业学》《水族工程学》《观赏水族营养与饲料学》《水族馆创意与设计》《水草栽培学》《营养繁殖学》《野生生物保护学》《遗传育种学》等10门课程。

2012年《普通生态学》被评为上海市全英语教学示范课程。

2017年《动物学》获上海市示范性全英语教学课程。

2018年《水产动物营养与饲料学》获上海市精品课程，《鱼类学》《水产动物营养与饲料学》《植物生物学》《鱼类生物学》获上海市示范性全英语教学课程。

目前已建设上海市在线课程11门，获上海市精品课程1门、一流本科课程1门，建成实验空间国家虚拟仿真实验教学项目共享平台、虚拟教学实验平台、智慧树等在线开放课程8个，获评示范性虚拟仿真实验项目国家级1项、上海市2项。

二、教材建设

2007年以来，对《水族遗传育种学》《游钓渔业学》《水族工程学》《观赏水族营养与饲料学》《水族医学》《水族馆创意与设计》《水草栽培学》《水族经营与管理》等8本专业教材的编写和出版进行了重点投入。

被列入农业部“十三五”规划教材（中国农业出版社）的有：《鱼类学》《鱼类生态学》《鱼类学实验》《水产动物营养繁殖学》《鱼类生理学》《鱼类生理学实验》《鱼类增养殖学》。

被列入普通高等教育“十三五”规划教材（科学出版社）的有：《水产动物病理学》《水草栽培学》《观赏水族疾病学》《观赏水族养殖学》《水族工程学》。

目前已经出版的专业教材有：《观赏水族营养与饲料学》（2017年中国农业出版社）、《水族动物育种学》（2018年中国农业出版社）、《鱼类育种学》（2018年中国农业出版社）、《水产动物遗传学》（2018年中国农业出版社）、《鱼类寄生虫学》（2018年科学出版社）、《水生动物病原微生物学实验》（2018年中国农业出版社）、《生物饵料培养学实验》（2019年中国农业出版社）。

三、教学成果奖

陈再忠、王武、何为、何文辉、马旭洲完成的《水族科学与技术本科人才培养模式的研究与实践》获 2008 年度上海海洋大学教学成果奖一等奖。

陈再忠、谭洪新、江敏、潘连德、何为完成的《实践型水族科学与技术人才培养体系的研究》获 2013 年上海海洋大学教学成果奖特等奖。

2017 年，“水产类人才创新创业能力培养机制的构建与实践”获上海海洋大学教学成果奖特等奖，“以现代渔业需求为导向的水产类人才培养模式的构建与实践”获上海市高等教育教学成果奖二等奖。

2021 年，“水产养殖学专业卓越人才培养模式构建与实践”获上海海洋大学教学成果特等奖，“水产一流学科建设背景下水产养殖学专业国际化教学体系的构建与实践”获上海海洋大学教学成果奖一等奖。

2022 年，“价值引领 + 多元平台激发学生自驱力和潜能——一流水产养殖本科人才培养模式创新”获上海市高等教育教学成果奖特等奖。

第三节　实验实习条件建设

自2003年以来，水族科学与技术专业积极建立实习基地。2006年4—5月，由陈再忠老师带队，水产养殖（都市渔业）专业本科生16人在上海海洋水族馆进行了为期5周的生产实习。

一、实习基地建设

2004年，建立了上海海洋水族馆首个校外实习基地。

2005年，建立了上海万金观赏鱼养殖场、上海美川生态有限公司等2个校外实习基地。

2006年，建立了上海浦东三林年年有鱼水族贸易有限公司、长风公园海底世界、深圳海底世界等3个校外实习基地。

2007年，建立了东海水族公司（上海）、新加坡仟湖集团等2个校外实习基地。

2008年，建立了日本广濑公司、上海淼磊观赏鱼养殖基地、广东振华电器有限公司、广州神阳高新技术有限公司、上海爱酷水族有限公司等5个校外实习基地。

2009年，建立了浙江湖州唐氏特种养殖公司、日本ADA公司等2个校外实习基地。

2010年，建立了浦东观赏鱼中心和新加坡彩虹私人有限公司等2个校外实习基地。

截至2010年，已建立浦东三林年年有鱼水族贸易有限公司、东海水族公司（上海）、上海海洋水族馆、上海万金观赏鱼养殖场、上海美川生态有限公司、上海长风公园海底世界、浦东观赏鱼中心、广东振华电器有限公司（校外高级）、广州神阳高新技术有限公司（校外高级）、日本广濑株式会社（校外高级）、新加坡彩虹私人有限公司（校外高级）等14个校外实习实训基地，分布在新加坡、日本、广东、江苏、浙江等国家省市，同时可以确保300人为期6周的生产实习，为水族科学与技术专业本科生的实践教学提供了坚实的保证。

2011年，新增上海一川水族产品有限公司为专业实习基地。

2014年，新增上海御德锦鲤场为实习基地。

2017年，新增上海佐许生物科技有限公司为实习基地。

2018年，新增上海特立鱼生物科技有限公司、太仓东方锦鲤养殖有限责任公司、上海年年有鱼水族有限公司、上海蓝海水产发展有限公司为实习基地。

2019年，新增荔虹（上海）观赏鱼养殖有限公司、上海鱼趣生物科技有限公司、上海长风海洋世界有限公司为实习基地。

2020年建设的基地有：山东智慧云海洋科技有限责任公司、通用海洋生态工程（北京）有限公司。

2021年建设的基地有：上海巷美农业科技有限公司。

2022年建设的基地有：苏州苏信观赏鱼有些公司、上海风舞林农产品专业合作社。

二、实验条件

本专业基础教学实验室包括鱼类学实验室、水生生物实验室、显微互动实验室、基础生物实验室、动物生理实验室、生物技术实验室、环境化学实验室、微生物学实验室、藻类学实验室、植物学实验室等10个实验室，面积为1696.5平方米，实验所需的仪器设备较为完整，可以有效保证教学实验的顺利开展。

实习实训条件：校内实习实训场地有循环水养殖系统研发平台、滨海水产科教创新基地、象山科教试验基地、上海海洋大学攀世水族宠物健康中心、鱼类营养与养殖环境研究中心等5个平台，面积达309918平方米，每次最多可接纳150人实训。

三、实训基地建设

自2003年以来与校团委紧密合作建立观赏鱼协会，作为水族科学与技术专业学生为主体的水族爱好者的兴趣发掘与动手实践的平台，经过几年的建设，于2006年荣获“上海市明星社团”称号。

2006年12月，水族科学与技术专业教师与学生共同设立的水族诊所正式为社会服务。

2007年3月，与上海市科委和校团委合作在上海市浦东新区金杨街道设立水族科学商店，开通了24小时服务热线，目的是解决市民在观赏鱼选购、养殖、维护、疾病预防、寄养等方面遇到的难题，成为水族专业学生服务社会的技术窗口。

2010年，在上海中学东校区建立了水族科学创新实验室，专业学生可以定期对中学生进行教学和技能指导以及开展实验性和创新性项目。

此外，能为本专业学生利用的各类实验实践教学平台还有：

农业部淡水水产种质资源重点实验室、省部共建水产种质资源发掘与利用教育部重点实验室、农业部渔业动植物病原库、农业部团头鲂遗传育种中心、农业部鱼类营养与环境生态研究中心、水域生态环境上海市高校工程研究中心、上海海洋大学生物系统和神经科学研究所等。这些基地可供学生开展创新项目和毕业论文使用，本专业学生每年使用的人数占学生总数的比例也为100%。

专业负责人陈再忠获得2006—2007年度实践教学先进个人。

第四节 教师队伍

水族科学与技术专业现有专任教师18人，其中7位教授、8位副教授、3位讲师，高级职称占83.33%；18位教师均为博士，其中博导8人、硕导6人。专任教师的学缘结构合理，分别来自浙江大学、同济大学、兰州大学、中国海洋大学、南京农业大学、上海海洋大学、中国农业科学院、四川农业大学、香港城市大学等高等院校。同时，还聘请国际观赏鱼协会主席Shane Willis、前主席Gerald Bassleer、泰国布拉帕大学海洋研究所Vorathep Muthuwan等3名海外客座教授。

水族科学与技术专业教师

姓　名	学　历	最高学位	专业技术职称	毕业学校
陈再忠	研究生	博士	教授	上海海洋大学
谭洪新	研究生	博士	教授	上海海洋大学
冷向军	研究生	博士	教授	四川农业大学
罗国芝	研究生	博士	教授	同济大学
张俊玲	研究生	博士	教授	上海海洋大学
胡梦红	研究生	博士	教授	香港城市大学
杨志刚	研究生	博士	教授	浙江大学
高建忠	研究生	博士	副教授	南京农业大学
陈晓武	研究生	博士	副教授	上海海洋大学
付元帅	研究生	博士	副教授	上海海洋大学
高大海	研究生	博士	副教授	兰州大学
李文娟	研究生	博士	副教授	中国农业科学院

（续表）

姓　名	学　历	最高学位	专业技术职称	毕业学校
姜佳枚	研究生	博士	副教授	中国海洋大学
温彬	研究生	博士	副教授	中国海洋大学
邹华锋	研究生	博士	讲师	南京农业大学
李文豪	研究生	博士	讲师	上海海洋大学
刘文畅	研究生	博士	讲师	上海海洋大学
Shane Willis	本科	学士	教授	国际观赏鱼协会（OFI）
Gerald Bassleer	研究生	博士	教授	Bassleer Biofish
Vorathep Muthuwan	研究生	博士	教授	泰国布拉帕大学海洋研究所

第三章　人才培养

进入21世纪以来，水产与生命学院多方位的研究方向、扎实的研究基础和广泛的研究项目，为水产创新型人才的培养提供了良好的平台。水族科学技术专业依托大学生创新训练计划项目、暑期社会实践项目、社团活动、科普志愿者活动、创新创业赛事、学科竞赛等活动，打造全方位创新创业育人平台。

第一节　社团实践

学生社团作为学生课外活动的主要载体之一，在活跃校园文化、促进校园精神文明建设方面有着重要地位和作用。自2003年起，在校院领导的大力支持和专业教师的精心指导下，陆续成立了观赏鱼爱好者协会、上海大学生科普志愿者服务社水族科学服务部、理山叠水造景协会等特色水族社团，围绕观赏鱼养殖、水族造景、家居环境改善等方向开展水族知识普及、造景技能培训、造景比赛等水族相关活动。

一、观赏鱼爱好者协会

2003年，上海海洋大学观赏鱼爱好者协会成立。协会依托水族科学与技术专业资源，先后在学海路校区、临港校区构建了观赏鱼繁育和水草培育基地，开展特种观赏鱼饲养、新品种繁育、水族造景设计、循环系统开发、创新灯具设计等相关活动，切磋养殖和造景技艺，分享交流经验。与此同时，指导老师也将观赏鱼社团日常活动融入低年级学生的专业教育，在日常的维护管理工作中教会学生辨识常见水草，了解常见观赏鱼生态习性，掌握水质管理技巧，学习造景和栽种水草等基本操作，让学生在实践中不断学习和提高。观赏鱼爱好者协会因其高度的观赏性、专业性和实践性广受学生欢迎，学生入社积极性高，据不完全统计，20年来共有2300余名学生进入社团学习和交流。

此外，社团每年还积极主导上海海洋大学鱼文化节，通过珍稀鱼类标本展示、观赏鱼鉴赏、微型造景等项目弘扬鱼文化、传播鱼知识，极大地丰富了校园文化生活。此外，社团每年都积极走出校门，配合科学商店水族科普志愿者服务社开展"科普知识进社区"等活动，宣讲观赏鱼养殖知识，服务社区。社团2006年被评为"上海市明星社团"，2008年被评为"上海市优秀社团"，2005—2016年连续11年被评为上海海洋大学"明星社团"。

自2011年1月起，观赏鱼爱好者协会在整合本社优秀骨干资源的基础上招募生物方向授课志愿者成立了上海中学东校海洋兴趣志愿者服务分队，以拓宽中学生视野、增强中学生对鱼类知识的了解、锻炼动手能力为目的，经过多年不断摸索，形成了一套以《常见观赏鱼类赏析》《孔雀鱼的饲养和繁殖》《水族造景欣赏》为基础的适合中学生的理论和实践相结合的课程体系。志愿者分队每周二开展课堂教学，每周四与中学生沟通交流，为中学生答疑解惑。此项活动的开展揭开了观赏鱼爱好者协会对外合作的新篇章。此外，社团在大中小德育工作一体化思路的引导下，陆续还与其他学校如建平临港小学、大团中学、泥城中学建立了科普合作机制，弘扬水族文化，推广观赏鱼养殖知识。

二、上海大学生科普志愿者服务社水族科学服务部

“科学商店”是依托大学、植根社区的科学研究与普及组织，旨在解答居民和非政府组织的科学疑问，为市民关心的问题提供独立的、参与式的研究。自 2007 年 7 月上海海洋大学科学商店成立以来，水族科学与技术专业积极响应，组建了以陈再忠、石张东、徐灿等教师为核心的指导力量，以水族专业研究生、实践能力强的水族本科生为主要志愿服务力量的上海大学生科普志愿者服务社水族科学服务部（以下简称“水族服务部”）。服务部以位于浦东金杨街道和申港街道的服务门店为依托，定期走进社区，开展水族知识讲座、水族箱常见问题处理、疾病诊断、观赏鱼繁育相关课题申报等工作。

16 年来，水族服务部每年定期开展水族知识进社区活动，组织团队参与杨浦区青少年科技节、浦东新区青少年科技节和上海市青少年科技节等不同级别、不同层次的科技创新类展示活动，累计为普通居民开展观赏鱼知识讲座 50 余场，走进社区，服务

普通民众 24000 余人。此外，水族服务部学生从普通市民的日常生活中发现问题，并以此为研究内容，开展了诸如《观赏水草的快速繁殖》《海月水母盐度适应性研究》《微藻的色素组成及其在饲料添加对观赏鱼增色效果的研究》《上海市观赏鱼服务市场现状调查》等 10 余项相关课题，这些课题的开展和推进，不仅有效地解决了居民日常关心的水族问题，也极大地提升了水族专业学生发现问题、分析问题和解决问题的能力。

三、大学生暑期社会实践活动

暑期实践活动为我院大学生搭建了一个了解社会、服务社会的良好平台，水族专业教师引导水族学生从低年级做起，积极参与实践，认识社会，了解行业，服务百姓和养殖户。在“三个代表”重要思想、科学发展观、习近平新时代中国特色社会主义思想的指引下，每年暑假，我院水族科学与技术专业大学生都会围绕社会主义新农村建设、构建和谐社会、宣传世博服务世博等主题开展大学生社会实践活动。同学们根据自己的专业特色，结合社会实际需求，积极参与暑期社会实践活动，10 多年来，水族专业本科生开展了诸如《金杨社区居民养殖观赏鱼情况调研》《上海铜川路及军工路水产市场调查》《萤火虫的初步研究》《上海市居民小区景观水体生态现状调查》等多项暑期社会实践活动，其中《上海市居民小区景观水体生态现状调查》项目被评为 2007 年度上海市大学生暑期社会实践优秀项目。

第二节　创新能力培养

一、大学生创新训练计划项目

大学生创新计划是根据“兴趣驱动、自主实践，重在过程”的原则，通过搭建和完善大学生创新活动平台，倡导在兴趣驱动下大学生自主选择的创新类实验项目。该计划以启发探索和创新性实验为核心的研究性学习，旨在通过以学生为主体的各类创新性实验和科学研究活动，提升学生对专业学习的兴趣，激发学生的创新思维和创新意识，开拓和提高学生的实践与自主创新能力。

2007年至2020年间，水族科学与技术专业学生共主持和参与各类创新训练计划项目50项，其中国家级4项，市级27项，校级17项，院级2项。积极开展《萤火虫繁育计划》《观赏鱼水质监测、投喂、过滤一体化（自动化）设备的研制》《水族箱粪便残饵自动清除系统的设计研究》《节能生态水族箱开发》《“一眉道人”繁殖的研究》《小型龟类孵化箱的设计》等观赏鱼人工繁育、水族设备设计制造、观赏水族动物疾病防治、观赏鱼类基础生物学方面的探索和研究，发表论文20余篇，申请相关专利20项。

项目年份	级别	专业	项　目　名　称	项目负责人	指导老师
2007	市级	06 水族	萤火虫繁育计划	王侦	潘连德
2008	市级	07 水族	“一眉道人”繁殖的研究	牛志元	陈再忠
2008	市级	08 水族	小型龟类孵化箱的设计	周祺	吴惠仙
2009	市级	08 水族	基于「侘び草」模式下的微型水族科学与技术生态盆景的研究	李昶	何为
2010	校级	07 水族	水草离体栽培	毛冠洲	季高华
2011	市级	09 水族	红虫（摇蚊幼虫）健康养殖的基础研究	陈欢	张瑞雷
2011	市级	10 水族	丹尼氏无须鲃人工繁殖技术的后续研究	王熳淇	何为
2011	市级	10 水族	孔雀鱼亲缘关系—分类研究	杨静然	何为
2011	市级	10 水族	鲢鱼各生长阶段蛋白质营养指标的确定性研究	李玲玉	何为、华雪铭
2011	市级	10 水族	七彩神仙鱼仔鱼分缸期营养研究	李杨	黄旭雄
2011	市级	10 水族	下钩鲶属鱼类的人工繁殖技术	成寅	潘连德
2011	市级	10 水族	小型鱼类受精卵自动孵化装置	胡默俨	马旭洲
2011	市级	10 水族	永康桃花水母生态环境的研究及其繁殖	陈晓燕	陈再忠
2012	国家级	11 水族	花鳗鲡幼苗人工养殖技术的优化	刘力硕	刘利平
2012	国家级	11 水族	基于电镜和流式细胞术的中国鲎和圆尾鲎血淋巴细胞的比较研究	王维维、吴芳丽	王有基
2012	市级	11 水族	便捷式水族科学与技术鱼缸换水系统的设计	过娉	徐灿
2012	市级	11 水族	水族科学与技术箱残饵粪便自动收集系统的设计和完善	王乐乐	陈再忠
2012	院级	11 水族	大鲵性别快速鉴定标记物的探索	张冼	卢瑛
2012	院级	11 水族	卤虫的营养强化及其对金鱼体色的影响	徐雅倩	何为
2013	国家级	11 水族	利用水产养殖固体废弃物进行卤虫孵化和养成的可行性研究	姜瑞	罗国芝

（续表）

项目年份	级别	专业	项　目　名　称	项目负责人	指导老师
2013	市级	11 水族	底栖动物对上海池塘典型底层养殖经济动物的食物贡献	徐小桃	胡忠军
2013	校级	11 水族	对于报废集装箱的处理方式的探究	赵陆敏	商利新
2013	校级	11 水族	利用 Cas9 技术进行斑马鱼特定免疫相关基因的敲除	杨淑麟	张庆华
2013	校级	11 水族	探究海马气泡病是否由致病菌引起	魏思怡	高建忠
2014	国家级	13 水族	循环水系统中不同养殖密度对花鳗鲡养殖效果的影响	魏小玲	谭洪新、孙大川
2014	市级	13 水族	水蚯蚓在污泥中的养殖及对污泥处理能力的研究	余贤谦	何为
2015	市级	13 水族	克氏原螯虾立体式工厂规模化养殖模式探索	徐奔	王春、胡庆松
2016	市级	13 水族	ふし（HUSI）微生态	徐奔	季高华
2016	市级	14 水族	暗色穗唇鲃人工繁殖技术初探	康利利	王春
2016	校级	14 水族	小球藻在凡纳滨对虾工厂化养殖中的应用效果探究	饶昌浩	黄旭雄
2017	校级	14 水族	七彩神仙鱼头洞病病因的检测及治疗	田仁周	陈再忠、高建忠、王磊
2017	校级	14 水族	七彩神仙鱼指环虫病的防治探究	李文	陈再忠、高建忠、王磊
2017	校级	15 水族	藻红蛋白对不同癌细胞增殖抑制作用的初探	汤业蓥	付元帅
2018	市级	16 水族	多功能无线一体化水族箱	李琳辉	徐灿
2018	校级	16 水族	海龟灰白甲病病因及其致病机理	庞激	潘连德

（续表）

项目年份	级别	专业	项　目　名　称	项目负责人	指导老师
2019	市级	17 水族	高活力外套膜游离细胞培育内脏团淡水有核珍珠实践探索	孙龙	李文娟
2019	市级	17 水族	基于体表黏液生物标志物无创评价两种麻醉剂对七彩神仙鱼的麻醉效果	欧阳明艳	温彬
2019	市级	17 水族	硝化细菌的接种量对七彩神仙鱼生长的影响	孟柳江	陈再忠
2019	市级	17 水族	中国沿海中华绒螯蟹主要野生群体的营养价值综合评价及利用	瞿真	吴旭干
2019	校级	17 水族	日本鳗鲡玻璃鳗和线鳗期对单体氨基酸的行为反应研究	刘远昊	张旭光
2019	校级	17 水族	外源牛磺酸对斑马鱼摄食与能量代谢的影响	臧函书	吕为群
2019	校级	17 水族	幼龄三角帆蚌性别鉴定和性逆转方法的建立	陈蕊	汪桂玲
2020	市级	18 水族	圣塔伦月亮宝石鱼人工繁殖及仔稚鱼的培育	马焕朝	高建忠
2020	市级	18 水族	一种有效改善“爆藻”问题的新型结合式水族造景缸的设计	马焕朝	徐灿
2020	校级	18 水族	微塑料通过氧化应激影响金鱼体色的研究	李欣欣	温彬
2022	校级	19 水族	青鱼亲子鉴定技术研究	吴燕婷	沈玉帮
2023	市级	21 水族	观赏海星氨氮耐受性研究	陈宇骐	陈再忠
2023	校级	21 水族	黄金锦鲤和红白琉金的杂交子代遗传学研究	黎耀午	陈再忠
2023	校级	21 水族	几种 PPCPs 对大型溞的毒理效应研究	王艺涵	刘至治
2023	校级	21 水族	锂化合物对典型浮游动物的毒理效应研究	黄斯羽	季高华

二、学科竞赛活动

1. 设立校级水族造景大赛，促进校内水族造景人才培养

为解决专业培养过程中“专业知识涉入晚，专业兴趣不高，动手操作能力不足”等问题，充分挖掘学科赛事平台在培养创新创业人才方面的作用，水族科学与技术专业自2011年起自主设计开发了“上海海洋大学水族造景大赛”，目前已成功举办9届，在培养学生的设计能力、信息收集能力、沟通协作能力、实践动手能力方面发挥了积极作用。2011年至2023年，每年约有100余名学生参与到水草造景缸、水陆造景缸、海水造缸的骨架设计和制作过程中，每年都会制作出20余个生动、艺术的决赛作品放置在学校公共区域进行展示，作品的创新性、美观性和生态价值得到学校师生一致好评。水族造景比赛的开展，培养了一批爱好水族、热衷造景的同学，他们经常在一起切磋造景构思和技巧，设计能力和动手能力明显增强。

校内赛事的蓬勃发展，为全国大学生水族箱造景技能大赛和“长城杯”中国国际水族箱造景大赛等国家层级赛事输送了优秀的造景选手。自2014年华中农业大学举办首届全国大学生造景大赛至今，我校每年都选派优秀水族专业造景选手参加全国大学生水族箱造景技能大赛，至今斩获国家级特等奖3项，一等奖10项，二等奖14项，三等奖6项。多年来，水族专业陆续培养了陈世鑫、李昶、周祺、王嫚琪、王乐乐、邬育龙、赵陆敏、孙健、李文、田仁周、许童辉、陈阳、潘韵朝、黄道驰、邓象月等40余名优秀的水族造景领域创新创业人才。

项目名称	奖 励 名 称	级 别	等 级	姓 名
《归》	第二届全国大学生水族箱造景技能大赛	省部级	团体组一等奖	孙健
《奋起》	第二届全国大学生水族箱造景技能大赛	省部级	个人组二等奖	王童
《钱江源》	第二届全国大学生水族箱造景技能大赛	省部级	个人组二等奖	梁炳辉
《野望》	第二届全国大学生水族箱造景技能大赛	省部级	个人组三等奖	徐奔
《幽》	第二届全国大学生水族箱造景技能大赛	省部级	个人组优秀奖	唐满枝
《静谧》	第三届全国大学生水族箱造景技能大赛	省部级	一等奖	梁炳辉、王童、问高生
《寻源》	海峡两岸大学生水族箱造景技能大赛	省部级	三等奖	李文、田仁舟
《远上》	全国大学生第四届水族箱造景技能大赛	国家级	二等奖	李文、问高生、冯梓钊
《高窟》	全国大学生第四届水族箱造景技能大赛	国家级	一等奖	田仁周、张景航
《森隧》	全国大学生第四届水族箱造景技能大赛	国家级	二等奖	许童辉、曹思雨
《远上》	全国大学生第四届水族箱造景技能大赛	国家级	最具人气奖	李文、问高生、冯梓钊
《高窟》	全国大学生第四届水族箱造景技能大赛	国家级	最具人气奖	田仁周、张景航
《如绿美眷、似水流年》	第三届全国大学生水族箱造景技能大赛	省部级	三等奖	李文、魏泽宇、康俐俐
《峰》	第三届全国大学生水族箱造景技能大赛	省部级	优秀奖	田仁舟、张驰、杨钧渊
《千景之门》	第三届全国大学生水族箱造景技能大赛	省部级	三等奖	金珏、汪家伟、曾兰惠
《别有洞天》	全国大学生第五届水族箱造景技能大赛	国家级	一等奖	潘韵超

（续表）

项目名称	奖 励 名 称	级 别	等 级	姓 名
《仲夏之旅》	全国大学生第五届水族箱造景技能大赛	国家级	一等奖	黄道驰
《太极生万物》	全国大学生第五届水族箱造景技能大赛	国家级	二等奖	邓象月
《散》	全国大学生第五届水族箱造景技能大赛	国家级	三等奖	张景航
《道》	第七届全国大学生水族箱造景技能大赛	国家级	一等奖	王祉文
《天空与岛》	第七届全国大学生水族箱造景技能大赛	国家级	一等奖	刘洋、张美琪、姚柏菲
《山涧幽林》	第七届全国大学生水族箱造景技能大赛	国家级	一等奖	李洁、韦璐琳
《白鹿青岸》	第七届全国大学生水族箱造景技能大赛	国家级	一等奖	贾橙钰、张智超
《你好阿凡达》	第七届全国大学生水族箱造景技能大赛	国家级	特等奖	徐婉怡
《时间与空间的汇聚》	第七届全国大学生水族箱造景技能大赛	国家级	特等奖	杨上任
《无限风光在险峰》	第七届全国大学生水族箱造景技能大赛	国家级	二等奖	于茜
《坐山听溪》	第七届全国大学生水族箱造景技能大赛	国家级	二等奖	项盛羽
《鸣春涧中》	第七届全国大学生水族箱造景技能大赛	国家级	二等奖	王子宸、蔚思言
《群林竞生》	第七届全国大学生水族箱造景技能大赛	国家级	二等奖	王文倩
《曲径通幽处》	第七届全国大学生水族箱造景技能大赛	国家级	二等奖	覃梦婕、徐文婧

2. 完善全国造景大赛赛制，推动全国造景赛事发展

2017年10月至11月，由“教指委”和国家级实验教学示范

中心联席会主办，上海海洋大学承办的全国大学生第四届水族箱造景技能大赛在临港校区举行。水族科学与技术专业作为主要组织者担负起了本届赛事的策划、组织、执行和后期管理工作。在专业教师的悉心组织下，本届大赛共吸引了来自全国20个省市29所高校，99支参赛队伍，185名选手参赛。本届赛事不论是参赛人数还是参赛作品质量，皆是历届之最。本次赛事在往届基础上新设立了仲裁委员会，补充了赛事内容，完善了赛制机制，把全国大学生水族箱造景技能大赛真正定义为参与范围广、人数多、影响力高的全国性大学生学科赛事。赛事受到东方财经、劳动报、新闻报、上海教育网、上观新闻等十余家媒体关注，提升了赛事的社会影响力。另外，赛事还通过抽签决定比赛选手的参赛缸、参赛内容，通过抽签决定选材顺序，保证了比赛的公平性，各高校带队老师和指导老师对比赛的规模、形式和组织高度认可。此外，组委会还邀请深田崇敬（日本）、张剑峰（中国澳门）、陈宥霖（中国台湾）等国际国内知名专家担任大赛评委，不仅评审过程严谨认真、结果公正，赛后的作品评议也让参赛学生心服口服。赛事的举行为我校师生和社会人士提供了一个观摩水景、感受艺术的良机，也为校园增添了一道靓丽的风景线。赛后，附近高校大学生、中小学生、民众等15000人次来赛场参观比赛作品，为水族造景艺术的推广起到了良好的宣传作用。

自2020年新冠疫情发生以来，各地疫情不断反复，不利于赛事的举办和学生的交流，原设计为每年一次的赛制被打破，全国大学生水族箱造景大赛已连续2年未能如期举办。自2022年下半年以来，各高校要求恢复竞赛的呼声逐渐高涨。为提升各高校学子了解水族造景，学习造景的兴趣，促进全国大学生水族箱造景技能大赛的健康发展，上海海洋大学克服时间紧、任务重、经费紧张等不利因素，承办了第七届全国大学生水族箱造景技能大赛。本次大赛采用线上直播展示和线下造景技能比拼相结合的方式举行，共吸引全国30个农林类高校和178支参赛队伍参加。赛事结合临港新片区国家产教融合试点核心区建设方针，发挥上海海洋大学水族科学与技术国家一流专业建设点的优势，以“自然·共生”为主题，以“以赛为媒，以景会友，携手共进”为宗旨，以“生态+艺术”的新视角激发学生的专业融合思维，展现学生的专业智慧行动。本次赛事，全国参赛选手共制作了200余个优秀的造景作品，并在赛事结束之后制作成优秀图片在临港地区展示，作品类型丰富，技艺高超，广受市民好评。

3. 鼓励学生积极参加科技竞赛

开展科技竞赛活动，能激发学生的学习兴趣，提高创新实践能力，培养团队协作能力，增强创新能力，还能增强学校的学术氛围。自2007年以来，专业负责人和专业教师积极鼓励水族专业大学生投身科技竞赛活动，围绕水族领域中出现的问题、困惑和难点，积极思考，努力实践。近年来，水族学生参与竞赛活动积极性高涨，每年都会有3到5支队伍参与“挑战杯”全国大学生课外科技作品竞赛、“挑战杯”全国大学生创业大赛、“互联+”全国大学生创新创业大赛、全国大学生水族箱造景技能大赛、全国大学生生命科学竞赛、全国大学生生命科学创新创业大赛、上海市“上汽教育杯”大学生创新大赛、陈嘉庚青少年发明奖（上海）、“汇创青春”上海大学生文化创意作品展示活动、上海高校学生创造发明“科技创业杯”等10余项创新创业竞赛活动。在这些竞赛活动中，他们群策群力，团队协作，创造了一个又一个优秀的成绩。2008 年至今，水族专业大学生参与全国各类科技竞赛成绩优异。获得国家级赛事奖 12 项，省部级奖 14 项。其中，获得“挑战杯”全国大学生创业计划大赛银奖 1 项、三等奖 3 项；获得全国大学生水族箱造景技能大赛一等奖 4 项、二等奖 4 项、三等奖 2 项。

专业学生获得各类奖项一览表

序号	项目名称	奖励名称	级　别	等　级	人员名单
1	“人工湿地与浮岛的观赏性设计”	全国“挑战杯”创业设计大赛	国家级	银奖	夏梦男、谢文博等
2	水栖萤火虫幼虫化蛹装置	第十一届上海市大学生课外学术科技作品竞赛暨第十一届“挑战杯”上海市选拔赛	省部级	三等奖	张侦、唐丽红、刘颖
3	挂养式高密度生态养虾与水质净化装置	第六届“上汽教育杯”三等奖	省部级	三等奖	谢文博、杜佳沐、董悦
4	挂养式高密度生态养虾与水质净化装置	荣获第八届陈嘉庚青少年发明奖（上海）三等奖	省部级	三等奖	谢文博、杜佳沐、董悦
5	“鸣海科技”	“张江高科杯”第六届上海市大学生创业计划大赛铜奖	省部级	铜奖	周祺、严世赟、杨黎颖、吴双
6	《微雨林室内水景设计有限公司》	“嘉定新城杯”第七届上海市大学生创业计划大赛暨第八届“挑战杯”中国大学生创业计划竞赛上海赛区选拔赛铜奖	省部级	铜奖	李昶
7	“保护长江珍稀水生哺乳动物——长江口江豚考察及保护宣传”	“2012 年上海市大学生暑期社会实践活动优秀项目奖”	省部级	优秀项目奖	罗一鸣等

（续表）

序号	项目名称	奖励名称	级 别	等 级	人员名单
8	微雨林	2013年上海海洋大学创新创业设计大赛	校级	三等奖	王嫚琪
9	上海笙墨景观工程有限公司	2016上海临港杯“创青春”上海市大学生创业计划大赛	市级	铜奖	薛琳杰
10	笙墨——高端定制·生态艺术水景·领先者	第三届上海海洋大学“互联网+”大学生创新创业大赛	校级	一等奖	赵陆敏
11	青霭水艺景观	第三届“汇创青春”上海大学生文化创意作品	市级	一等奖	付优、杭莹、张周晖、陆信洁、熊志杰
12	利用无创生物标志物评价MS-222对七彩神仙鱼的麻醉效果	第五届全国大学生生命科学创新创业大赛	国家级	一等奖	欧阳明艳、陈辰、马焕朝
13	基于整合生物标志物响应法评价微塑料对孔雀鱼的毒性效应	第五届全国大学生生命科学创新创业大赛	国家级	二等奖	孟柳江、李欣欣、陈蕊、黄道驰、杨霖青
14	上海渔跃青虾科技有限责任公司	第六届中国国际“互联网+”大学生创新创业大赛上海赛区	市级	优胜奖	刘远昊、孟柳江、刘梦晓、何龙、王思婧、陈坤仪
15	一种有效改善“爆藻”问题的新型结合式水族造景缸的设计	第五届“汇创青春”上海大学生文化创意作品展示活动（环境设计类）	市级	三等奖	谭恺、马焕朝、欧阳明艳、王禧

第三节　创业能力培养

一、创业教育

作为都市渔业发展的新领域，水族专业涉及观赏鱼养殖、造景设计、庭院水体景观设计、微生态景观制作、水族景观养护、海洋生物展览等诸多方面，这些行业领域存在大量的创业机会。水族专业大学生课余时间积极选修《大学生创业基础》课程，积极参加学校举办的“海大学子‘自己做老板’创业设计大赛”“上海海洋大学大学生创业指导服务月”“创业培训班”“大学生创业者沙龙”“‘挑战杯’全国大学生创业大赛”等创业教育活动，加强创业能力的学习，提升实践能力。

通过创新创业活动的积极开展，学院培育了一批高水平学生科技创新团队，一批优秀水族学生在全国、上海市和本校的大学生创新与学科竞赛活动中获得了各种荣誉和奖项。2008 年，水产与生命学院学生夏梦男、俞政等同学承担的《人工湿地与浮岛的观赏性设计创业计划书》获“张江高科杯”第五届上海市大学生创业计划大赛银奖、第六届“挑战杯”中国大学生创业计划大赛银奖。2011 年，水产与生命学院学生李昶的“微雨林室内水景设计有限公司”项目获第七届上海市大学生创业计划大赛铜奖等。2016 年，上海笙墨景观工程有限公司获上海临港杯“创青春”上海市大学生创业计划大赛铜奖；2018 年，“笙墨——高端定制 · 生态艺术水景 · 领先者”项目获“互联网 + ”大学生创新创业大赛三等奖；同年，“新型节水双吸式缸壁擦”项目获第二十四届上海高校学生创造发明“科技创业杯”发明创新三等奖；2019年，“鱼趣”线上线下水族专营店项目获第四届“汇创青春”上海大学生文化创意作品展示活动三等奖；2019年，“上海鱼裕水族科技有限公司——水族产品私人定制专家”项目获第四届全国大学生生命科学创新创业大赛国家级创新类二等奖；2020年，“一种节能新型水族造景缸”项目获第五届全国大学生生命科学创新创业大赛三等奖；2020年，“一种有效改善‘爆藻’问题的新型结合式水族造景缸的设计”项目获第五届“汇创青春”上海大学生文化创意作品展示活动（环境设计类）三等奖。

二、创业成效

学院依托学校的各类创业训练平台，鼓励专业教师发挥特长，利用企业、社会资源，推动大学生创业实践工作。在众多成功运营并营利的创业企业中，均有学校专业教师悉心指导的身影，创业学生们大多是紧密围绕水族领域创建企业。王文龙同学2006年创办了“上海晶海实业有限公司”，是以其开创的水母人工繁殖技术作为核心技术，并积极开发水母配套养殖设备，产品广受欢迎。王文俊、袁根军等5位同学合办的“上海龙马水族科技有限公司”是以海马的规模化育种与产业化为核心，积极探讨海马的人工繁殖和规模化养殖技术，努力改变现有海马资源全靠捕捞、资源衰竭的现状 。2008年，刘晓东等同学创建了“上海爱酷水族有限公司”，以七彩神仙鱼规模化养殖为核心技术，大力推进神仙鱼等热带高端观赏鱼市场发展。2011年，陈世鑫、刘晓諹等合办的“上海一川水族产品有限公司”和“一川水族馆”，以丰富多彩、引人入胜的水族造景展厅为流量点，吸引了大量的水族爱好者客户，并在此基础上，积极开发维护服务，不仅销售优秀产品，同时也提供优质高效的售后服务。2012 年，李昶的“德阳微雨林室内水景设计有限公司”在成都成立，利用中西部地区丰富的造景材料资源和良好的水族市场，主打微景观作品，积极开拓西部城市市场。2015 年，2011 级学生赵陆敏成立了“上海笙墨景观工程有限公司”，以造景作品的风水寓意为卖点，为商户、企业和富裕的白领阶层提供高档次的山水水陆景观作品。2016 年，2011 级同学王乐乐成立了“上海流川景观设计有限公司”，微型景观结合咖啡馆，主打水族元素，吸引了不少城市白领的关注。2020 年，自小喜爱水族的戎嘉辰同学针对市场日益扩大的海水产品需求，成立了“梦鱼国水族有限公司”，他们积极拓宽进口渠道，稳定商品质量，逐步占据了部分国内海水观赏鱼和珊瑚的市场。

专业学生创办企业一览表

学生姓名	公　司　名　称	成立年份
智百通	上海鼎洲水族有限公司	2011
陈世鑫	上海一川水族工程有限公司	2011
李昶	德阳微雨林室内水景设计有限公司	2011
梁斌	上海德赟信息技术有限公司	2015
王乐乐	上海流川景观设计有限公司	2015
肖润	上海嫣润贸易有限公司	2016
李辉	上海信泽汽车租赁有限公司	2016
赵陆敏	上海笙墨景观工程有限公司	2017
吴太淳	上海颐朵文化传播有限公司	2017
戎嘉辰	上海梦鱼国水族有限公司	2018
李文	上海霖灏生物科技有限公司	2018

第四节 优秀毕业生介绍

1. 刘艳

上海海洋大学2004级水族科学与技术专业学生，本科在校期间获得国家奖学金，多次获得人民奖学金一等奖。同年保送本校硕士研究生，攻读水生生物学专业，硕士期间以第一作者发表SCI论文1篇，中文核心期刊论文1篇。2011年9月被本校水生生物学专业录取开始博士研究生学习，博士期间以第一作者发表SCI论文2篇，中文核心期刊论文2篇。本、硕、博毕业时均被评为上海市优秀毕业生。2014年7月进入上海海洋大学期刊中心工作，2014—2016年担任中文核心期刊《水产学报》学术编辑，2015年开始参与中国第一本水产类英文学术期刊*Aquaculture and Fisheries*（简称AAF）的创刊工作，2016年正式成为AAF的学术编辑及责任编辑，负责期刊初审、组稿、约稿、选题策划等工作，任职期间期刊被DOAJ、Scopus、Biosis Preview、Biology Abstract等国际重要数据库收录。

2. 沈轶

上海海洋大学2004级水族科学与技术专业学生，2009年初赴美留学，在Southern Illinois University攻读分子生物学（Molecular Biology）博士学位，读书期间共发表SCI论文16篇，主攻肠癌（colon cancer）和乳腺癌（breast cancer）领域的研究。

2014年取得博士学位后，继续在斯坦福大学（Stanford

University）进行博士后的学习与深造。主要的研究方向为免疫学（Immunology）和类风湿学（Rheumotology）研究。通过分析病人的临床样本提出可能得病的原因，建立各种动物模型模拟病症，结合化学生物和先进影像技术以及实验手段询证各类新型药物的治疗效果。博后期间分别在免疫学顶级期刊（*Nature Immunology*，*Immunology*，*Science Immunology* 等）上发表 8 篇论文。其中一篇研究成果以封面形式刊登于 *Nature Immunology* 上。

2019 年博士后结业之后加入财富美国 500 强的丹纳赫集团（Danaher Corporation）医疗诊断业务，成为其研发人员。目前主要带领团队进行 POCT 产品的开发与研究。

3. 王侦

2006 级水族科学与技术专业学生，大一期间参加观赏鱼爱好者社团，负责斑马鱼缸、水草缸的日常维护，学习观赏鱼缸的日常维护管理经验。大二期间进入潘连德教授的攀世水族宠物健康中心，担任水族宠物见习医生，负责各种病龟的治疗，以及维护观赏鱼缸。大三期间申请大学生创新活动项目萤火虫繁育计划。利用节假日前往湖北、湖南、江西、福建、浙江、广西、广东、江苏等 9 省 14 市，采集了 9 属 23 种萤火虫并进行饲养探索。由于国内对萤火虫的研究比较少，所采标本赠与中国科学院昆明动物研究所、华中农业大学的付新华、李学燕、侯清柏等萤火虫专家，并协助他们开展饲养工作，提升了国内萤火虫分类学研究的进展。

在学校的大力支持下，他经过 2 年多实验，在创新实验室里成功繁育出黄缘萤、雷氏萤、武汉萤等三种稀有水生萤火虫，以及大陆窗萤、金边窗萤、胸窗萤、宽黄缘萤等陆生萤火虫。获得养殖专利技术一项，专利号ZL2010200328422。随后，他还根据萤火虫的生活和繁育习性，设计了能在家居和展馆等室内环境展示萤火虫的专属生态缸，并取名为“流萤之龛”。“流萤之龛”在2011年水族展览活动中被厦门市相关领导关注，他本人则被邀请前往厦门设计创建国内首家萤火虫公园——萤火虫节能环保教育基地。

毕业后王侦留在上海，曾指导青浦大千生态庄园、崇明紫海鹭缘浪漫庄园萤火虫繁育项目。后来通过事业单位考试进入同济大学附属七一中学，担任创新实验员、科技辅导员、知识产权指导员等职务，指导该校学生参加创新活动项目、创新赛事、项目成果申报专利。目前，在他的指导下，该校已获得309项专利，2017年成为首批全国知识产权教育示范学校。

4. 鲁璐

上海海洋大学2006级水族科学与技术专业学生，2013年考入上海出入境检验检疫局，在外高桥保税区办事处检务科工作。2018年上海出入境检验检疫局外高桥保税区办事处并入上海外高桥保税区海关，现任上海外高桥保税区海关法制科二级主办，一级关务督办。主要承担中国（上海）自由贸易试验区核心——外高桥保税区的报关报检工作，完成各类出入境报检受理工作，工作扎实，态度严谨，得到单位领导及企业的一致好评，连续两年公务员考核优秀；承担科室带教工作，并担任先行先试重点岗位，完成上海首批无纸化申报工作；参加了自贸区检验检疫对跨境电子商务创新监管兴趣小组，并撰写题为《关于自贸区跨境电子商务监管的思路》的监管方案。2019 年被评为年度优秀党员。

5. 牛志元

2007 级水族科学与技术专业学生，中共党员，在校期间担任班长、观赏鱼爱好者协会社长、学院社团管理中心负责人等职务，多次获得人民奖学金、励志奖学金、学生标兵、优秀学生干部、勤工助学先进个人等荣誉。他积极参与社会实践活动，投身各项志愿者工作，在世博会志愿者工作中，被评为优秀世博会志愿者。毕业后他选择留在上海继续逐梦，先后加入了世界 500 强企业联想集团、外资企业新蛋中国、上市公司乐心健康和创新企业智勇教育。他从最基础的销售做起，后来独自承担产品线规划与运营，一步一个脚印，从产品经理做到了产品总监，从片区经理成长为上海大区负责人。

6. 陈一村

2007 级水族科学与技术专业学生，中共党员，现任临港集团金山二工区平台招商服务中心负责人。本科期间，他在学习的道路上严谨求实，时刻鞭策自己认真努力。在完成本专业基础课程的基础上，辅修完成了经济学基础等相关辅修课程；同时，积极广泛地参加各类生产生活实践，提前感知和认识社会。走出校门后，他凭借自己的快速学习能力和经济、产业知识进入产业招商行业，始终以客户诉求和产业发展方向为轴，不断提升自我业务素质，10 年来，他从招商项目助理做起，逐渐成长为集团中的“招商干将”。他潜心钻研境内外相关产业、交易结构、税务筹划、金融服务等各个业务条线的知识，将学习成果及时转化到为客户服务的点滴之中，先后参与到外高桥自贸区、洋山自贸区、嘉定区江桥镇、金山区第二工业区的开发建设和产业招商工作中，推动了多个跨国企业管理型地区总部落户上海。他坚持不断学习，在忙碌的工作之余攻读了复旦大学MBA学位，健全知识体系，更新思维模式。如今，作为集团内的青年中层干部，他的事业道路将面临更多的挑战。面对不同的学业事业阶段，陈一村始终以海洋大学“勤朴忠实”的校训精神激励自己，保持着高度的热情和投入，在行业内继续前行，在创新创业的征程中挑战未知，服务社会。

7. 陈世鑫

2007级水族科学与技术专业2班学生，他爱好实践，一年级时就加入了明星社团观赏鱼爱好者协会，主要负责学院的门面——九银龙大缸的维护，2年的实践积累了丰富的维护经验，加深了对产品的认知，也在不断的实践过程中培养了基础管理能力。毕业后，他和同学刘晓諹共同创立了一川水族产品有限公司。公司在创立之初就得到了觉群大学生创业基金和EFG大学生科创基金全额创业基金的扶持。从杨浦区大学路一家小门店开始做起，主营业务从最初的海水展示、淡水零售，逐步发展为目前拥有国家级观赏水生生物的进境隔离场、10余人的维护团队，上海服务对象超过百家的专业海水景观产品与服务公司。公司每年接纳水族专业实习生到公司实习，并积极引导有意愿在水族专业发展的毕业生学习知识，积累经验。团队始终保持着年轻活力，不忘初心，勤朴忠实，立志在水族行业做一个优秀的海大人。

8. 王乐乐

2011级水族科学与技术专业学生，学习认真努力，在校期间努力学习，认真实践，对水族和创新创业活动有浓厚的兴趣。大二开始担任水族观赏鱼爱好者协会会长，带领协会成员参加全国水族造景大赛并多次荣获奖项。此外，大二期间他还参与创新与创业实训团的创立工作，并担任团长一职，积极组织本院学生参与大学生创业比赛，自身所带团队多次获得校级荣誉。2015年毕业后与同学一同创立上海流川景观设计有限公司，并于2016年涉入房地产行业。2018年成立了合肥弘寿康健康服务有限责任公司，从事健康教育行业至今。

9. 周祺

上海海洋大学2008级水族科学与技术专业学生，本科在校期间多次获得人民奖学金。2010年，申请大学生创新活动项目，获得上海市大学生创业项目铜奖，并成功申请实用新型专利一项。2008—2011年，参加观赏鱼爱好者社团，并担任社团负责人。2012年获得理学学士学位，同年保送本校硕士研究生，攻读水产养殖专业。

硕士在读期间，曾前往湖南、湖北、浙江、广东、北京等多地参与学术交流。曾于2011与湖南师范大学刘筠院士团队共同推进多倍体育种项目。2013—2014年于浦东观赏鱼中心参与上海市金鱼优良品种培育项目，其间发表核心期刊论文一篇。2015年获得农学硕士学位。

2016年就职北京海洋馆合作企业通用海洋生态工程（北京）有限公司，任职期间负责北京海洋馆珍稀野生水生生物的相关水域微生物生态学研究工作。2019—2023 年就职于北京百奥智汇科技有限公司，为政务医疗机构、知名药企、科研院校提供单细胞领域生信分析。合作单位包括百济神州、默克、拜耳、华大、Amgen、北大、清华、复旦、深圳大学等，相关科研成果在 Cell、JEM 等期刊发表。

2023 年就职于 CRE 研究机构，主要开发方向包含多组学多模态整合、深度学习及干细胞领域相关研究。

10. 赵陆敏

水产与生命学院 2011 级水族科学与技术专业学生，因为自身对水生动物及微生态景观的喜好，加上一次次走进社区进行科普服务的工作经历，让赵陆敏感觉到水族景观行业的发展市场，萌生了自主创业的想法。他所创立的上海笙墨景观工程有限公司主营“大吉升泰”微水景生态缸，其最大的创新之处在于通过对水域生态系统的整体考虑，使水族生物饲养过程中的代谢废物被植物吸收，完成水体自净，可以从根本上解决传统鱼缸需要换水的麻烦，做到两年内无需换水。在元鼎学院的学习过程中，创业导师从商业模式、定价策略等方面给他提供了帮助，当年 5 月，赵陆敏就完成了 22 笔订单。如今，他的创业公司得到了上海市天使基金（雏鹰计划）的全额资助，赵陆敏正为自己的创业梦不断坚持奋斗前行着。

11. 戎嘉辰

2019 级水族科学与技术专业学生，2018 年入学后因爱好观赏鱼转入水产与生命学院学习，大一时积极参加水族社团活动，并进入陈再忠、刘志伟等老师的实验室学习鱼类繁育和培养技术。2019 年与学长一起创立了上海梦鱼国水族科技有限公司，主要从事观赏鱼养殖零售以及水族科普文化活动。在上海海洋大学国家海洋科技创业园的对接、帮助下，2019 年开展水族科普活动十余场，参与人数近千人。在 2019 年上海国际孔雀鱼大赛中，他培育的孔雀鱼斩获小组冠军一项，亚军两项，季军一项。2019 年末开始在淘宝网零售海水观赏生物，因专业的技术支持与过硬的品质，主营产品人工公子小丑鱼成全网爆品，全年热卖一万条。2021 年他开始与朋友合作，入股杭州蔚蓝海洋科技有限公司，担任技术总监、股东，扎根海水观赏生物参与深度运营。2022 年，他独资成立太原万鱼来朝海洋科技有限公司，开拓北方市场，用专业与质量获得很多好评，让贫鱼区买鱼不再困难，并开启了珊瑚繁育工作的准备与繁殖场的初步建设，并优化出在零下极寒模式下的安全运输方式。2023 年，他毕业后回家乡太原继续海水观赏生物零售以及珊瑚繁育事业。团队以尊重自然、热爱自然、享受自然为使命，不忘初心，争取把水族产业做大做强。

第四章　重要活动

第一节　大型水族展览会

2007年第二届上海国际休闲水族展览会

2007年10月6日至8日，第二届上海国际休闲水族展览会于上海农展馆召开。来自江苏、浙江、上海以及广东等地的仟湖、振华、神阳、蓝湖、呈浩、万金、星金皇、佩俊、亿达、江南水族等70多个知名厂商参会。除了各种观赏鱼展出，同样备受瞩目的是由我校生命学院和上海攀世动物医学科技有限公司支持和资助建立的“水族宠物诊所”。

“水族宠物诊所”是由我校教师潘连德教授于2006年创办，潘老师从教30余年，一直致力于以病理学为基础的动物医学工作，重点是对水族“疑难病”病因、病理、临床诊断和治疗技术攻关，以及水产（水族宠物）养殖、海水鱼、虾蟹类育苗技术和新渔药研究开发和攻关。面向社会开展水族宠物健康养殖、临床医学诊断和医疗技术研究和服务，组建了上海高校知识服务平台项目“水族宠物健康养殖和临床兽医学技术和服务团队”。

在展会现场，由潘连德教授带领的“水族宠物诊所”医师团队十余人开展了水族宠物“义诊”活动。为前来参观的业内人士、市民百姓等进行免费的水族宠物疾病的防治咨询和现场急诊，对病情比较严重的宠物进行了收治。“水族宠物诊所”的建立填补了水族宠物生病就医的空白！义诊活动受到了参会人士的广泛好评。

我校观赏鱼协会也派出代表参与此次盛会，该社团立足观赏鱼文化这一主题，通过实践来体验和探讨水生态、观赏鱼养殖等多学科知识，并向参展观众介绍了目前的成果。同时对我校水族科学与技术专业的教学目标和发展进行了介绍，吸引了众多观赏鱼爱好者深入了解本行业目前的现状及发展趋势，让更多的休闲水族行业从业者能够明确新形势下的观赏鱼发展前景。通过参与展会，上海海洋大学“水族宠物诊所”的知名度得到了进一步提升，也让更多的水族爱好者了解了上海海洋大学，产生了良好的社会影响。

2008 年第三届上海国际休闲水族展览会

由上海市水产办、上海水产行业协会联合主办的第三届上海国际休闲水族展览会于 2008 年 10 月 24 日至 26 日在上海农业展览馆举行。

（一）观赏鱼评比

观赏鱼评比是展会的亮点之一，吸引了众多业内知名品牌企业及个人爱好者参加。该评比以“公平、公正、公开”为原则，由来自新加坡、日本及中国的观赏鱼科研、管理、养殖方面的权威专家担任评委，对金鱼、锦鲤、七彩神仙鱼等多个品种进行评比，我校水族专业教师也到现场给予专业评议和意见。

（二）高峰论坛

高峰论坛是由我校根据产业发展和市场需求开展的，多名国内外知名养殖与管理专家和我校专业教师参与。围绕最新的行业发展趋势、国际领先的新技术、后续服务体系建设及完善等方面，专家进行了分享交流，对我国休闲水族文化推向世界起到了促进作用，同时推动了我校水族专业的建设和发展，培养了更有发展和创新意识的专业人才，助力国内产业加速发展。

（三）专家科普讲座

多名国内知名水族专家及业内企业人士参与了此次科普讲座，他们就观赏鱼养殖和疾病防治、观赏鱼产业发展趋势等热点话题与观众展开热烈讨论，同时还分享了关于观赏鱼养殖和疾病防治的宝贵知识与经验。我校“水族宠物诊所”团队及生命学院志愿者也到现场开设展位进行了观赏水族知识的科普。

2009 年第四届上海国际休闲水族展览会

由上海轻工国际展览有限公司、上海海洋大学、上海农业展览馆承办的第四届上海国际休闲水族展览会于 2009 年 10 月 16 日至 18 日在上海工业展览馆举行。本次水族展览会突破了以往的限制，参展范围更加宏大，不仅包括观赏鱼、水草、爬行及两栖宠物、虾蟹等水族宠物，还包括与水族系统养殖相关的各种物品和设备。

展览会期间，我校承担了观赏水族评比会、水族产业发展研讨会和学校展位的筹备与组织工作。潘连德教授以水产动物医学临床技术服务为主体业务开展了“水族宠物诊所”服务，依托上海海洋大学生命学院水族科学与技术专业的技术和研究成果，为现场到来的水族爱好者提供宠物医学检验诊断、水族箱设计维护、水族药品等服务。我校也派出水族专业的学生志愿者及专业教师来到现场开展讲座，给水族爱好者们进行知识科普。通过各项水族评比会的技能培训、活动组织和过程维护，参会师生提高了自身的专业素养。

在本次展览会上召开的第四次水族科学与产业发展研讨会上，针对本年度休闲水族产业的发展趋势进行了探讨，邀请国外水族产业专业人士进行了专业技术和发展的报告。

2010 年第五届上海国际休闲水族展览会

2010 年 10 月 15 日至 17 日，由上海市水产办公室和上海水产行业协会主办的第五届上海国际休闲水族展览会在上海国际农展中心开幕。恰逢上海世博会，根据“加快都市休闲渔业和观赏鱼产业发展”这一形势，本届展览会特设了“缤纷水族、和谐生活”的主题。

此次展区分为以观赏鱼为主的活体类展区、配套养护设备展区及互动活动区，展出产品丰富多彩。展会期间举办了一系列的现场活动，以满足各类观赏鱼爱好者的需求，丰富展览会内涵。还开展了以“观赏鱼养护”为主题的专家论坛和“亲子捞鱼”温馨家庭活动。本届展览会还隆重推出亮点活动，如大学生创业展、休闲垂钓场展等，受到了好评。

这次展会的举办，旨在推动长三角地区休闲渔业的发展，将上海打造成中国观赏鱼的中部集散中心，展会有利于推动国际观赏鱼产业技术的交流与进步，可为观赏鱼产业内的企业树立品牌和形象、开拓市场、进行经贸洽谈提供交流合作的契机。让专业观众和市民在“游世博园，观水族展”的过程中更直接、更直观、更直觉地享受鱼儿的美妙和水族的美丽。我校水族相关专业的学生志愿者及专业教师来到现场开展讲座，给水族爱好者们进行了知识科普。

2011 年第六届上海国际休闲水族展览会

第六届上海国际休闲水族展览会在 2011 年 10 月 14 日开幕，由上海水产行业协会主办，上海农业展览馆有限公司、上海海洋大学承办。本届展览会继承了上届的精神，同样以“缤纷水族、和谐生活”为主题，共有 75 家企业参展，其中国际展商 4 家，兄弟省市展商 34 家。

此次展示产品琳琅满目，其中以活体类观赏鱼为主的展示区，展出了金鱼、热带鱼、锦鲤鱼等各类观赏鱼。水草造景也登场亮相，展会还设置了水族相关配套养护设备展区等，以满足各层次观赏鱼爱好者的需求。

上海海洋大学颇有名气的“水族诊所”也再一次搬到了展会现场，为观展市民、观赏鱼爱好者提供现场诊疗等服务。“水族诊所”是由我校水族专业的毕业生自主创办，而现场展示的水草造景也均出自我校学生之手。

上海国际休闲水族展览会已连续举办了5届，在业内外影响很大，有力地促进了上海观赏鱼水族业与各省市乃至世界市场的互动，同时将水族专业的重要性传达给休闲水族从业者及爱好者，吸引更多有志之士前来深入学习和研究。

2012年第七届上海国际休闲水族展览会

2012年10月12日，“第七届上海国际休闲水族展览会”在上海国际农展中心隆重开幕。我校副校长黄硕琳、水产与生命学院院长李家乐代表承办方致辞并观摩展会。由上海高校知识服务平台和上海市农委共同支持的上海海洋大学攀世水族宠物健康中心开始试运行，并首次在展会上推出。校党委书记虞丽娟、副校长黄硕琳和校长助理兼院长李家乐等领导亲临现场指导和关心。

展会上，上海海洋大学攀世水族宠物健康中心紧密围绕“缤纷水族、和谐生活”的主题，把和谐生活和健康养龟巧妙地结合起来，推出了“健康宠龟生态缸”新产品，即模拟自然生活条件，利用沉木、奇石、水草等打造宠龟健康生活环境。受到众多水族爱好者的参观，媒体记者、水族摄像爱好者摩肩接踵，场面十分热烈和火爆。

上海海洋大学攀世水族宠物健康中心还以实际行动献爱心，策划了“海龟保护公众认养”活动，即招募爱心人士领养小海龟，饲养到一定程度之后再收回，野化训练后放回大海。之后还展示了绿海龟和玳瑁龟，并向人们解说其数量骤减的原因，鼓励公众积极认养小海龟，奉献爱心，保护小海龟。

上海海洋大学攀世水族宠物健康中心的工作得到了上海市农委水产办公室和上海海洋大学校、院领导的支持和关心，展会工作受到了充分的肯定和赞扬。展会的承办单位、同行专家对上海海洋大学攀世水族宠物健康中心的展出高度重视。展会同时组织了由上海海洋大学牵头的水族论坛，全国高等海洋院校专家参加，围绕“观赏鱼水族业发展现状”的主题，同台交流、探讨我国观赏鱼水族业发展的愿景。

2013 年第八届上海国际休闲水族展览会

2013 年 10 月 11 日至 14 日，以“缤纷水族、和谐生活”为主题的第八届上海国际休闲水族展览会在上海农业展览馆展出。本次休闲水族展览盛会，我校作为承办单位之一积极参与组织和协调，并负责七彩神仙鱼、金鱼展示和比赛，攀世水族宠物健康中心隆重参展并居于展会的最佳位置。

在按惯例开展的观赏鱼大赛环节，“水绘典藏杯”金鱼大赛、“逸浩杯”七彩神仙鱼大赛、“神阳杯”锦鲤鱼大赛和“华厦杯”龙鱼大赛的参赛者激烈争夺 100 多个奖项的名次。为了体现赛事的公平公正，展会组委会邀请来自 9 个国家和地区的 24 名专业人士担任裁判，组成四大赛事的裁判组。我校陈再忠副教授主持了七彩神仙鱼组比赛及七彩神仙鱼产业国际研讨会，研讨会主要针对七彩神仙鱼国内外交流合作、未来发展趋势等方面进行了探讨。

由上海高校知识服务平台项目赞助的上海海洋大学攀世水族宠物健康中心再次隆重参展，上海海洋大学党委书记吴嘉敏亲临展台现场指导和关怀。吸引了国内外休闲水族同行、展商和各界朋友前来，进行了参观展品、洽谈业务、咨询技术、义诊服务、购买抽奖、微博互动等体验，同时吸引了东方卫视、星尚频道、浦东电视台、新华网等各大媒体纷纷采访报道。

在展会上，上海海洋大学攀世水族宠物健康中心首次推出了“宠龟蛋 DIY 孵化”，爱好者可在现场观看宠龟出壳的过程，亲眼见证龟苗出壳的瞬间。中心推出的“健康宠龟生态缸”升级后再次闪亮登上展会，得到了极高的评价。上海海洋大学攀世水族宠物健康中心和水族爱好者签订了“海龟保护，公众认养”的海龟认养协议，倡导爱心人士参与海龟资源保护活动，受到媒体的关注和报道。

2014 年第九届上海国际休闲水族展览会

2014 年 10 月 10 日，以“缤纷水族、和谐生活”为主题的第九届上海国际休闲水族展览会在上海国际农展中心开幕。展会充分体现了海纳百川的宗旨，突出展示各国各地区活体观赏鱼的特色。各参展企业纷纷展示了丰富多彩的观赏水族珍品及衍生产品，五彩缤纷争奇斗艳，成为都市休闲的一道亮丽风景线。我校副校长吴建农、上海市农业委员会水产办公室主任梁伟泉和农展馆馆长刘林为参展企业和人员授予了荣誉称号并颁发了证书。

七彩神仙鱼大赛由上海海洋大学主办，在比赛规模上第一次增加到 200 个鱼缸、参赛鱼来源也由国内渔场扩大到国际渔场，如马来西亚、美国、澳大利亚、伊朗等，体现了七彩神仙鱼在观赏鱼市场上占据的举足轻重的地位。作为上海海洋大学水产与生命学院的重要研究鱼类之一，被众多水族爱好者青睐的七彩神仙鱼当然是此次展会的焦点所在。

上海海洋大学陈再忠副教授主持了七彩神仙鱼产业国际研讨会，这是此次展览会的重要意义之一，研讨会准确把握了国内（尤其上海）的七彩神仙鱼行业发展现状，及时梳理和解决了行业发展中难以克服的瓶颈难题，提高了产业中七彩神仙鱼的品质，以及促进了市场上的国际交流和交易。

本次展会得到了上海高校知识服务平台上海海洋大学水产动物遗传育种中心项目的大力支持，上海海洋大学水产与生命学院潘连德、陈再忠、高建忠、何为、宋增福、孙大川等6位老师以及研究生、本科生50余人参与了9月30日至10月13日期间的各项准备工作，从会场布置、专家邀请、展位设计、鱼缸组装、灯光和水质调试到比赛全过程都有着他们的辛苦付出，不仅在很大程度上保证了本次展览会和各项赛事的顺利进行，而且展示出上海海洋大学水族科学与技术专业办学10年来师资和人才培养方面的特色优势。

上海高校知识服务平台水产动物遗传育种协同创新中心支持的上海海洋大学攀世水族宠物健康中心以“关爱水族宠物，攀世与您同行”为主题再一次闪亮参展。此次展位占地100平方米，共9个区域：宠龟义诊药品义卖区、宠龟展示区、宠龟标本区、海龟救护区和观赏鱼义诊鱼药义卖区、观赏鱼展示区、生态（龟、鱼）缸制作展示区、水族素材器材区以及水族宠物医疗技术科普讲座区。

现场义诊展示出水族宠物临床兽医学技术和理念，宣扬了水族宠物执业兽医师的职责和医德，全面展示出上海海洋大学攀世水族宠物健康中心历年来对宠物龟、观赏鱼等水族宠物临床医学的实践和创新成果，展现了上海海洋大学水族科学与技术专业与时俱进的教学内容和实践技术。获得了前来观摩的上海市农委孙雷主任、水产办公室梁伟泉主任、上海海洋大学吴建农副校长等领导和业界专家的高度赞扬。市民和水族爱好者更是流连忘返、络绎不绝，上海海洋大学攀世水族宠物健康中心成了本届水族展最受欢迎的展位。

2015 年第十届上海国际休闲水族展览会

本届展会坚持“缤纷水族、和谐生活”为主题，体现海派风格，活体观赏鱼争奇斗艳，“龟谷”展区异军突起，水族产品丰富多彩。此次展会吸引了约 7000 人（次）的上海观赏鱼爱好者和市民前来观展，更有来自中国上海、广东、天津、江苏、福建、浙江、北京、山东及港台地区，以及新加坡、德国、意大利、马来西亚、日本等中外观赏鱼水族业界的专业人士同行 700 多人前来观摩。

本届展会坚持活体观赏鱼展示和比赛，占据展会的半壁江山，金鱼、七彩神仙、锦鲤和龙鱼等体色各异的观赏鱼争奇斗艳，共有 400 多尾观赏鱼参加比赛，产生了 120 多个奖项，向广大观赏鱼爱好者和市民百姓展示出一大批色泽艳丽、品质健康、姿态优美的观赏鱼。

我校攀世水族宠物健康中心团队 10 人和我校 30 名大学生志愿者以“关爱水宠健康，攀世与您同行”为主旨，为首届“龟谷”

展区提供全面的专业服务，并推出宠龟义诊、龟药义卖、科学讲堂活动。展会 4 天内团队医师们兢兢业业、任劳任怨，其间接收义诊病例达 43 例，其中现场处理痊愈 36 例，收治或预约住院 11 例，水族宠物健康中心技术团队医师们精湛的医术和敬业的精神得到了广大市民、主办方以及各界领导的一致好评。

展会同期开展了许多水族相关的活动，上海水产行业协会水族专业委员会向观众赠送的《上海观赏鱼水族网点不完全手册》，加盖观赏鱼图戳，组织亲子钓鱼等；上海海洋大学推出了金鱼油画摄影展和七彩神仙鱼知识宣传等；三农热线则在现场开展了观赏鱼水族咨询等，并对市民休闲消费活动进行了引导，进一步培育了上海观赏鱼水族市场。

2016 年第十一届上海国际休闲水族展览会

由上海水产行业协会主办的第十一届上海国际休闲水族展览会于 2016 年 10 月 21 日至 24 日在上海农业展览馆开幕。本届展会在延续以往传统的前提下，还邀请了神秘古老的活化石——龙鱼作为"主场嘉宾"，有来自马来西亚、印度尼西亚、新加坡等龙鱼故乡的龙鱼，也有来自国内广州、深圳、北京、江苏、浙江和上海本地的精品龙鱼的展示和比赛。此外，七彩神仙鱼展示、"龟谷"高中低档宠龟大聚会、锦鲤鱼大赛、珍稀新奇品种也同台亮相。

上海水族展七彩神仙鱼国际大赛精品迭出、精彩纷呈，已成为我国同类赛事中最高规格的盛会，不仅云集世界顶级七彩神仙鱼的各个种类，而且裁判团更是全球最佳阵容之一——由来自德国、意大利、新加坡、马来西亚、韩国以及我国广东、天津等 9

位专家组成。我校陈再忠副教授作为裁判全程参与评比。比赛不仅为广大消费者提供了人鱼和谐互动的机会、增添了生活情趣，还有利于提高市民们的休闲内涵、精神享受和文明水平。

我校攀世水族宠物健康中心团队及学生志愿者们又一次来到了现场提供全面的宠龟诊疗、龟药义卖、宠龟知识讲座等服务。进一步发挥了上海的辐射优势，为业界树立品牌、开拓市场，推动观赏鱼水族业融入海内外大市场搭建桥梁，引导大都市观赏鱼水族的贸易与消费，推动观赏鱼水族产业更上一层楼。

2017年第十二届上海国际休闲水族展览会

第十二届上海国际休闲水族展2017年在上海国际农展馆展出。本届展览会由上海水产行业协会主办、上海农展馆和上海海洋大学承办、上海市农委水产办公室支持。以“缤纷水族、和谐生活”为主题。

此次展会坚持活体观赏鱼展示、比赛争奇斗艳等上海特色，兼顾水族珍稀精品及水族衍生产品展示，辅以水族咨询服务、亲子捞鱼、科普讲座、鱼文化展示等互动活动。

展会上，上海海洋大学攀世水族宠物健康中心仍延续以往多届展会特色，服务百姓养龟休闲，开展龟文化知识讲座，为龟友龟商提供义诊服务，为病龟问诊答疑解惑。上海海洋大学与上海七彩神仙鱼同业会积聚国内外的优良品种30余个，通过视频、图片、展板和活体进行全方位展示。致力于把上海国际休闲水族展览会打造为全面展示观赏鱼养殖产业创新成果的重要窗口，共享行业发展新机遇，深化国际合作，吸引更多水族爱好者在本行业就业，同时也欢迎更多学子进入水族专业深造。

2018 年第十三届上海国际休闲水族展览会

2018 第十三届上海国际休闲水族展览会于 2018 年 9 月 7 日在上海农业展览馆开幕，由上海水产行业协会主办，上海农展馆、上海海洋大学承办。展会为水族业界和上海市民奉献了一场龙、锦精品五彩缤纷、珍龟异宠争奇斗艳、七彩鱼王精彩纷呈的绚丽场景。

上海海洋大学水产与生命学院陈再忠教授带领的上海海洋大学水产动物遗传育种中心协同创新中心观赏水族健康养殖与良种培育技术服务团队全程参与了此次盛会。展会上展示了校园风貌，回顾了创设 15 年来水族科学与技术专业所取得的成就。

本届展会中最大的亮点是增加了水族文化宣传和水族科技知识普及等活动，以引导大众观赏水族消费，培育水族产业市场。在本次展会上陈再忠教授接受了电视台的现场采访，并就七彩神仙鱼的产业发展、人工繁育、种质改良、饲养管理等方面进行了现场解答。

在本次展会上，我校还携手合作单位共鳞实业（深圳）有限公司、上海一川水族产品有限公司、邦星生物科技（上海）有限公司和上海蓝海水产发展有限公司等企业进行了产品展示和宣传，促进产业间交流，了解水族爱好者的需求，根据市场需求调整产品研发方向，明确水族专业未来发展趋势。

此次展会仍以“缤纷水族、和谐生活”为主题，为培育水族大市场，加强海内外、区域间观赏鱼水族业界同行的互动交流，本届展会仍为公益免费展，推动了上海观赏鱼水族产业与各省市乃至国际市场的流通贸易，促进了现代都市休闲渔业的转型发展。

2019 年第十四届上海国际休闲水族展览会

第十四届上海国际休闲水族展览会于 2019 年 9 月 23 日在上海农业展览馆开幕。此次展览会通过观赏鱼养殖相关产品展示推介、商务洽谈交流、合作论坛、专业技术推广等形式，架起国际水族技术及产品深入交流合作的桥梁，达到“推介产品、搭建平台、加强交流、促进发展”的目的。同时还举行了科普宣传活动，以及多个互动式活动，不同观展人群都能了解休闲水族产业和其他水族宠物的养殖知识。此次展览会的成功举办，标志着上海休闲水族产业影响力和知名度的进一步扩大。

本次展会同样延续了往年的丰富多彩，各种珍稀品种的观赏鱼吸引了大量观众参与。经过 14 年的发展，上海国际休闲水族展览会已经成为上海休闲水族行业发展的风向标、最新产品和技术的发布平台、贸易成交的专业场所、行业人士的国际化交流平台。我校的水族专业也逐渐成为一个发展趋势好、有前景、接轨国际的热门专业，吸引多位水族爱好者进入我校深造。

2020 年第十五届上海国际休闲水族展览会

2020 年 10 月 17 日至 19 日，第 15 届上海国际休闲水族展览会于上海农业展览馆顺利举办，来自全国各地约 40000 名水族爱好者参观了展览会。本届展览会是一届在新冠疫情防控常态化背景下举办的水族展。展会的顺利举办大大推动了休闲水族产业的发展，实现了以活动带动产业，让产业丰富活动，显示出水族产业蒸蒸日上、充满活力的景象。

展会中设置有水族类、器材类、龟鳖活体、爬宠、小宠活体等产业产品展区，参观者可以根据自己的需求针对性地前往相应的展区进行参观。这也说明了国内的水族发展已不仅仅限于观赏鱼养殖技术，而且涵盖了养殖设备、饲料、水族宠物以及水族造景等方方面面。我校也派出了水族相关专业的学生志愿者及专业教师来到现场开展讲座，给水族爱好者们进行知识科普。通过各项水族评比会的技能培训、活动组织和过程维护，参会师生提高了自身的专业素养。

第二节　水族科学与产业发展研讨会

首届水族科学与产业发展研讨会

2006年12月15日，国内水族专家10余位以及产业界人士30余名参加了我校举办的首届水族科学与产业发展研讨会，提升了我校水族科学与技术专业的影响力，并适时推出了水族诊所，吸引了社会的普遍关注。会议以“交流前沿信息，勾画产业蓝图，培养创新人才”为主题。此次研讨会将水族业专家的最新研究成果和业内精英们的智慧及经验，通过七个精彩的主题报告和连续三个半小时的座谈研讨，在一天内圆满完成了演绎。

开幕式由生命科学与技术学院副院长冷向军主持，副校长黄硕琳致开幕词。江苏省水产学会理事长魏绍芬、东海区渔政渔港监督局政策法规处处长陈松涛、上海市农委水产办公室高雪祥、广东省海洋湖沼学会观赏鱼研究学会主任章之蓉、广东省水族协会副会长兼观赏鱼专业委员会主任许品章、上海市观赏鱼委员会首席顾问郭志泰、上海海洋水族馆副总经理李保群、上海水产大学水产养殖学科带头人王武、中国鱼文化博物馆副馆长宁波等应邀出席开幕式。此外，来自上海年年有鱼水族贸易有限公司、上海万金观赏鱼养殖有限公司、上海海圣工贸有限公司（水族设备）、宁波天邦股份有限公司等十多位水族企业家，来自江苏省徐州市观赏鱼协会、上海市水产研究所、上海水产行业协会、上海水产大学相关职能处室和部门的负责人，上海水产大学生命学院二百余名师生以及《文汇报》《新民晚报》《科技日报》《水产资讯》《水产科技情报》《水族世界》等媒体的记者或编辑参加了本届研讨会。

开幕式上，黄硕琳副校长代表学校对来自全国各地的专家、企业家等表示热烈欢迎，介绍了我国水族产业发展正呈现的良好势头和水产大学水族科学与技术专业的发展情况，希望通过研讨会广泛交流和深入探讨水族科学与水族产业发展中的关键问题，在水族同行间建立长期稳定的“产学研”合作交流制度，找到水产大学水族科学与技术专业的教学如何适应社会发展对人才实际需求的良策。

开幕式之后进行了水族科学分会会议。我校水族科学与技术专业负责人陈再忠博士向大家介绍了我校水族科学与技术专业的发展现状以及社会、学校和学院给予的关注与支持。随后，与会专家围绕观赏鱼产业的发展与市场追新、水族产业概况、观赏鱼养殖管理中的病害防治、锦鲤的品种选育与进出口贸易、上海水族产业的发展动态以及中国水族馆上升中面临的挑战等热点问题作了精彩纷呈、内容丰富的主题报告。

12 月 15 日下午举行了水族产业发展圆桌会议。参加上午报告会的相关领导、专家、企业老总、行业协会负责人以及生命科学与技术学院师生代表 50 多人参加了会议。李家乐院长代表生命科学与技术学院发表了热情洋溢的讲话，他希望与会嘉宾结合水族产业发展现状，为水族科学与技术专业今后的发展多提宝贵意见。出席研讨会的我校招毕办主任张宗恩、教务处副处长陈慧、学生处副处长兼校团委书记江卫平、生命学院资深教授王武等针对水族专业学生的就业去向、专业建设和教育以及与校园文化紧密相连的观赏鱼文化等提出工作中遇到的困惑。王武教授提出了“一个目标”“两个平台”“三个结合”“四个关键”“五个更新”的观点，与各位专家、企业老总共同探讨目前水族科学与产业发展的现状及亟待解决的问题。各位嘉宾反应热烈、侃侃而谈，认为水产大学水族科学与技术专业的建立抓住了水族科学与产业发展的先机。与会代表为我校该专业的专业发展、人才培养和教育高地建设提出了大量的建设性宝贵意见，还对企业所需的大学生基本能力和素质的培养、就业去向等指明了方向。最后，在座的师生也纷纷发言，表示参加此次研讨会使自己大开眼界、受益匪浅，对自己的专业发展和美好未来充满了信心。会议由学院党委副书记夏伯平主持。

2007 年 1 月 29 日，我校举办了水族科学与技术教育高地建设规划专家论证会，来自复旦大学的卢大儒教授、华东师范大学的赵云龙教授、上海交通大学的徐建雄教授、上海理工大学的李春教授和上海水产研究所的戴祥庆研究员对教育高地的建设方案进行了充分论证。

2007 年 3 月 15—20 日，王武教授、张饮江教授等专业教师赴新加坡考察水族产业的发展情况，并参观了淡马锡生命科学研究院，对当地进行龙鱼方面取得的经验进行了深入的沟通。

2007 年 6 月 19 日，来自广东和上海的水族专家，更是客观地结合产业发展特点对水族教育高地系列教材的编写方案进行了讨论，为拟定主编提供了很多方面的素材和思路。

第二届水族科学与产业发展研讨会

2007 年 10 月 6 日，上海第二届国际休闲水族展览会暨上海水产大学第二届水族科学与产业发展研讨会正式开幕。市水产办主任梁伟泉、我校副校长黄硕琳、中国渔业协会常务副会长兼秘书长林毅、新加坡观赏鱼出口商公会会长房振伦、广东海洋湖沼学会观赏鱼研究会主任章之蓉、广东七彩神仙专业委员会主任黄运南、上海七彩同业会会长王建光等领导和专家以及部分水族企业代表出席了开幕式并作了报告，分别从政策、贸易、养殖、病害、饲料等方面进行了交流。本次研讨会吸引了众多水族专家、水族企业家、观赏鱼爱好者和我校学生。

研讨会上，副校长黄硕琳教授首先介绍了我校水族科学与技术本科专业的发展概况，并指出未来中国水族产业的发展趋势。我校专家潘连德教授、冷向军教授、陈再忠副教授就观赏水族疾病诊断与治疗实践、观赏鱼的着色机制、观赏鱼的繁殖与人工调控作了精彩的报告。本次研讨会的举办增强了学生对休闲水族业的了解和热情，使他们对休闲水族的前景发展有了很大的信心。

2008 年 3 月 20—25 日，应日本水族企业广濑株式会社的邀请，我校专业教师考察了日本东京附近 5 家水族企业、畸玉县农林综合研究部门水产研究所以及新潟县小千谷市锦鲤发源地。通过考察和交流，初步了解了日本水产研究部门与水族产业的结合方式，并与广濑株式会社达成共同建立海外研修基地的共识。

第三届水族科学与产业发展研讨会

2008 年 10 月 24 日，上海海洋大学第三届水族科学与产业发展研讨会在上海农展馆举行，OFI 国际观赏鱼协会秘书长 Dr. Alex Ploeg、德国著名水族专家 Mr. Heiko Bleher、马来西亚七彩协会会长陈进祥先生等国内外知名专家和学者作了专题报告，并从不同方面对水族科学与产业的发展进行了阐述，受到与会企业和学生的极大关注。

2019 年 6 月 4 日应我校水产与生命学院邀请，国际观赏鱼协会（OFI）主席、我校水族科学与技术专业客座教授 Shane Willis（澳大利亚）于 5 月 28 日至 5 月 29 日来校讲学。Shane Willis 教授结合《观赏水族养殖学》课程向 2017 级水族科学技术专业的同学介绍了全球水族产业的发展概况，剖析了水族产业趋势、动物福利、生物安全性、生物入侵、可持续发展等方面面临的挑战和对策。讲授内容图文并茂，信息量大，加深了学生在全球视野下对专业和产业的认识。

第一届观赏鱼国际学术研讨会

2023 年 3 月 3—4 日，由上海海洋大学和国际观赏鱼协会（Ornamental Fish International，OFI）联合举办的第一届观赏鱼国际学术研讨会在线上举行。来自中国、英国、澳大利亚、新加坡、丹麦、印度尼西亚、巴拿马等国家的知名学者作了主题报告，会议还吸引了巴基斯坦、埃塞俄比亚、尼日利亚等国家的近百名人士参会，共同探讨观赏鱼行业面临的主要挑战与行业发展趋势和技术创新。会议由上海海洋大学客座教授、OFI 主席 Shane Willis 主持，副校长江敏致开幕词。上海海洋大学水产与生命学院陈再忠教授团队长期从事观赏鱼养殖和品质调控方向的研究，他详细阐述了色素色和结构色等领域所取得的科研进展。国际观赏鱼协会秘书长、来自新加坡的 Jonathan Poh，作了题为“Sustainability in the Aquarium industry”（水族产业的可持续发展）的精彩报告。

本届研讨会是国家一流专业建设点水族科学与技术专业设立 20 周年的一项重要学术活动，得到了学校和各界的大力支持，借助本次研讨会所搭建的平台，中外观赏鱼行业的研究者之间加强了交流与互动，中西互鉴，将有力地推动具有中国养殖特色的观赏鱼产业走出去，助力中国水族产业的国际化转变。

第五章　重要人物

在我校水族科学与技术专业发展的近20年期间，国内外专家、学者、企业家在专业定位、培养方案、课程教学、实践实训、创新创业等方面给予了大力支持。

章之蓉　中国科学院南海海洋研究所研究员，著有《热带观赏鱼大全》(中国农业出版社，1998年)、《热带观赏鱼》(科学出版社，1998年)、《海水鱼观赏与饲养》(江苏科学技术出版社，2002年)、《锦鲤》(中国农业出版社，2002年)、《龙鱼的饲养与鉴赏》(上海科学技术出版社)、《七彩神仙鱼的饲养与鉴赏》(上海科学技术出版社，2003年)、《奇妙的海水观赏鱼》、《花罗汉世界》、《梦幻七彩》(1—7)、《金鱼锦鲤饲养与繁殖》、《水草与小型鱼》、《水草栽培与造景》、《七彩神仙鱼世界》、《观赏鱼疾病与问答》等专业书籍。

关国云　1996年开始担任评委。1997年、1998年、1999年曾任广州国际七彩比赛评委。1999年曾任新加坡七彩比赛评委。1999年曾任印尼雅加达七彩比赛评委。1998年、1999年曾任马来西亚雪隆七彩比赛评委。2000 年曾任马来西亚国际七彩比赛评委。2001 年曾任日本东京国际七彩比赛评委。2002 年、2004 年、2006 年、2008 年、2010 年，连续五次担任德国 Duisburg 世界七彩比赛评委。2004 年曾任马来西亚 PWTC 国际七彩比赛评委。2004 年曾任新加坡 Fish Love 杯国际七彩比赛评委。2006 年、2008 年、2010 年、2013 年连续四次担任马来西亚 Aquafair 国际七彩比赛评委。2004 年、2011 年担任中国台北国际七彩比赛主审。2013 年、2015 曾任意大利 NaQ 世界七彩比赛评委。2013 年、2015 年曾任新加坡 Aquarama 国际七彩比赛评委。2013 年、2014 年曾任上海国际休闲水族展览会七彩神仙鱼比赛评委。

郭志泰 曾担任上海观赏鱼专业委员会首席顾问、上海金鱼协会会长等，著有《观赏鱼家养百科》（上海文化出版社，2007 年）等，在《水产科技情报》《科学养鱼》《环球宠物科技》等期刊发表 15 篇论文，对观赏鱼种类进行了介绍并提出产业发展的一些建设性意见。

陈进祥 马来西亚人。从小就很喜欢养鱼，小时候养过金鱼、剑鱼、孔雀鱼。11 岁时爸爸买了 2 只棕彩神仙鱼给他养，当时是 1977 年，只有棕彩神仙鱼也就是我们现在所谓的棕彩。自那时候开始就和七彩神仙鱼结下了不解之缘。上大学第一年就在生物系里帮忙当临时工赚点外快，当时和陈顺平教授学习食用鱼催产繁殖，后来还在帮忙教授养七彩神仙鱼，研究繁殖及人工孵育。大学毕业后在家里养了 42 缸的七彩神仙鱼，后来越养越多。2002—2007 年出任马来西亚七彩神仙鱼协会的会长。之后一直担任协会顾问。2006 年到德国杜伊斯堡国际七彩神仙鱼大赛当裁判。2006 年、2008 年、2013 年为马来西亚七彩神仙鱼大赛的总监。2008—

2010年期间多次到国外担任裁判，去过英国，澳大利亚，瑞典，波兰，西班牙，意大利，中国等国。2015年再次出任马来西亚七彩神仙鱼协会会长。

张忠安　新加坡人。2000年被选为Discus Club Singapore新加坡七彩神仙鱼俱乐部的理事。2001年起曾多次担任新加坡七彩神仙鱼比赛的评委。2001年曾任印尼耶加达国际七彩神仙鱼比赛的评委。2005年起曾多次担任新加坡七彩神仙鱼比赛的裁判长。2006年担任TETRA WORLD CUP世界七彩比赛的裁判长。2007年担任Aquarema国际七彩神仙鱼比赛的国际评委。2010年被选为Discus Club Singapore新加坡七彩神仙鱼俱乐部理事长至今。2010年曾任德国Duisburg世界七彩神仙鱼比赛的国际评委。2011年曾任马来西亚国际七彩神仙鱼比赛的国际评委。2013年曾任马来西亚Aquafair（马六甲）国际七彩神仙鱼比赛的国家评委。

郑达明　新加坡人。曾担任新加坡七彩神仙鱼学会副会长，也是七彩神仙鱼举办比赛的会长，多次担任国际评委，曾考过评委证书，也曾参加过很多国际比赛。

Sebastiano Solano先生　意大利人。2014年担任上海国际休闲水族展览会七彩神仙鱼国际大赛评委，并参加我校主办的七彩神仙鱼产业国际论坛。

附录　历届学生名单

2003级（58人）

（4）班（30人）

曾幼梅　曹荆如　陈黎苹　池金泉　顾益辉　胡振远

黄　强　江兆昱　李　杭　梁文柱　秦晓栋　舒　毅

孙　磊　孙明瑞　谭为韵　王坚强　翁丹龙　徐天添

徐　莹　杨　帆　姚烨华　叶颖琼　殷为申　尹怡闻

于晓琳　张剑啸　张明晶　张沁蕊　张　韬　赵婵玲

（5）班（28人）

刘全君　曾志刚　陈　晨　陈　凯　戴文彬　黄　薇

林　鋆　陆永汉　宓豪杰　瞿慧华　申佳佳　沈　涛

宋　郁　陶　佳　陶　洋　吴凌霄　吴一骏　徐崚嶒

杨　扬　杨薏琳　易景茂　殷　生　袁　帅　张　斌

张诚仪　张剑雯　朱炫达　朱雪骄

2004 级（65 人）

（1）班（33 人）

白云飞　包文举　陈　帅　杜黎君　费琼慧　高　慧
龚　娜　乐圣元　李华泷　李维静　凌　巍　刘骄健
柳　铮　卢炳锋　陆晓丽　罗忠亮　马学良　莫志华
佘理荪　王　磊　王　蕾　王晓燕　王雅萍　谢金峰
徐　瑾　徐　奕　许　慧　俞承浩　袁　祥　张　季
张积阳　张黎娟　庄子达

（2）班（32 人）

曹　寅　陈　茜　陈　翌　陈国聪　陈霁升　范　群
范鑫丽　傅青罡　赫崇喆　胡雅艺　胡云峰　李　超
刘　艳　刘满仔　陆剑红　庞　亨　申家华　沈　芾
沈　轶　孙宏超　唐　觅　万碧君　王少萍　王天轶
王霞瑛　邢　沫　薛婷婷　郁　琨　朱惠金　竺　俊
庄　翼　庄利青

2005 级（87 人）

（1）班（27 人）

曹佳春　曹　薇　曾文彬　陈梦琴　杜楠楠　顾　赟
黄华婷　黄　昱　陆　鑫　聂思宇　彭玲珏　彭　蔷
钱晓俐　孙依莉　唐宇学　汪婷婷　王　霏　文　健
夏梦男　徐　聪　薛　翔　杨李旻　杨　柳　姚　瑶
俞　凯　俞　政　朱承栋

（2）班（31 人）

包莉莉　曹宇冬　曹宗櫟　陈萍芳　程　思　高佳慧

高　颂　高营营　龚　婷　胡　骞　金翠萍　孔秀梅
蒯垚刚　李童杰　梁钜陶　梁　燕　林幼晴　刘　琼
龙九洲　吕盛骐　宋佳雯　汪　杰　吴承轩　徐　婕
薛　蕴　杨　彤　印晓雯　张　昊　张义青　周艳嫱
邹　凤

（3）班（29 人）

蔡妙恬　陈　城　方　燕　甘宝媚　顾　佳　关子涵
侯晓芳　胡晓菲　梁春伟　林召丰　马　刚　潘强胜
秦晓姣　荣覃毅　孙　薇　汤正玥　唐明华　吴　佩
谢文博　薛新利　严佳琦　杨丽菁　杨　柳　姚　静
易晓明　益鹂俊　张乐祎　赵菁菁　赵　胤

2006 级（52 人）

（1）班（27 人）

白　杨　蔡晓波　常馨之　崔　灏　丁伟军　韩珊珊
何　平　华　伶　金　丹　鲁　璐　罗宇鹏　马陈立
秦　琼　沈玉兰　宋　玲　苏翔驹　孙培英　孙少阳
王翔宇　夏　纬　俆笙笛　徐怡雯　杨之杰　张　杨
郑海粟　周　炜　邹　娅

（2）班（25 人）

陈崴青　戴　旸　丁晨超　方辰夏　江玉立　黄晓霞
李昆鹏　刘　琼　刘　颖　刘勇奇　倪家鑫　石　翔
唐丽红　王　超　王　华　王　侦　吴丽娜　夏鑫磊
徐云峰　张　明　张　洋　赵　吉　周晟雪　朱韵婧
邹淑慧

2007 级（43 人）

（1）班（21 人）

蔡　勇　曹艳红　陈一村　邓土培　侯梦璐　黄文卿
李　璇　刘晏佶　卢蒙蒙　宁　昕　牛志元　谭　旼
陶力予　王蕴锦　吴　斌　吴红挺　吴文卿　叶之一
张诗楠　张陶钧　邹丽娜

（2）班（22 人）

陈世鑫　陈晓丹　褚嘉铭　韩仰学　金翠莲　李瑜霞
刘　磊　刘晓諹　马东方　毛冠洲　倪佳文　秦玉婷
施淑娴　孙文婧　汤维敏　王超磊　王子龙　韦　璐
徐　超　薛　菁　余　磊　周　涛

2008 级（50 人）

（1）班（25 人）

陈仕杰　陈晓梦　董超燕　董晓明　杜陈蕾　傅　远
龚雅芸　顾纯栋　何　玉　李　昶　李璐瑶　李　琼
毛晋华　沈翠笛　施登科　吴　琳　吴　双　原月梦
张半嵋　张成龙　张皓贞　周骏迪　周　祺　朱晨晨
朱音佳

（2）班（25 人）

陈　曦　范方舟　顾佳骏　洪　影　康晓文　林雯洁
倪　杨　潘　洋　彭　红　邱宇冰　施周炜　史植文
孙骏霞　田敏源　王俊健　王羽舟　徐梦尧　杨黎颖
张超然　张伟逸　周雨婷　朱　莲　朱芝兰　祝秀丁

邹晓锋

2009 级（48 人）

（1）班（26 人）

白云龙　常　梅　成　寅　刁作伟　丁瑞新　董嘉琦
胡默俨　姜天幸　李　丹　李　璐　李明豪　梁伟华
陆玲丽　马荣谦　潘　琦　彭　杰　齐艳荣　钱　昆
石　雅　唐婉茹　王白雪　谢　芹　张正阳　郑富辉
郑嘉玮　周怡雯

（2）班（22 人）

陈　欢　陈嘉伟　段　梅　方妍洲　高思琪　胡继红
黄俊元　姜一鹏　柯　珺　李　杨　李仲璞　刘国强
刘　鸿　刘阳芬　区结欣　沈梦君　施均俊　施蓉蓉
唐雯雯　唐　夏　赵方舟　周子睿

2010 级（41 人）

（1）班（22 人）

白　喆　陈德法　陈淼垚　方　昕　何冬兰　李玲玉
李晓波　刘嘉航　刘淑英　刘宴妃　沈晓芸　王墁淇
吴成枝　杨钞脊　杨静然　袁凌波　张　静　张一宁
张　昱　布左热·艾海提　热威古丽·图尔荪
玉苏普喀迪尔·斯马依力

（2）班（19 人）

曹颖莹　陈晓燕　陈　阳　贺袁哲　林　元　刘钰寒
罗　律　曲　奕　唐若曦　王　涛　邬育龙　吴佳琦

吴岩峰　向　春　荀　丹　张　驰　章宇思　周园园
朱依虹

2011 级（42 人）

（1）班（24 人）

龚博伟　郭奕信　侯红盈　华晴韵　刘家奇　刘力硕
刘　颖　罗一鸣　马　帅　任　艳　孙荐轩　王　健
王乐乐　魏思怡　吴旭云　徐雅倩　许进松　杨淑麟
杨　圆　姚福旋　张　超　张晓婷　赵陆敏　周建聪

（2）班（18 人）

曹雅婷　曹　阳　陈廷豪　高开心　过　娉　姜　瑞
李建武　李修栋　刘苏朋　潘　懿　孙玥晖　王齐一
王世亨　徐小桃　薛正龙　余秋果　张　冼　赵海翔

2012 级（停招 1 年）

2013 级（28 人）

陈子阳　丁　蕊　晋娅婷　李婉娟　李雪婷　刘青青
刘冶陶　鹿　曼　毛冰涵　毛俊延　毛　蕾　孟　普
孙安琪　王　忆　魏小玲　谢婷婷　徐　奔　许玉青
杨志强　姚静婷　余贤谦　张凯丽　章芊芊　赵　芳
赵子豪　郑雯静　周忠艳　朱灿鑫

2014 级（25 人）

蔡佰言　蔡文博　陈　旭　范小勤　郭　涛　蒋少辉

康　立　康利利　李　峰　李　文　李　星　林子阳
彭　月　饶昌浩　盛　姬　田仁周　王　恒　王力颖
王　南　王　堉　魏宇泽　杨钧渊　叶秋韵　俞丽华
张嘉艺

2015级（22人）

陈皓若　陈柯霖　成宇韬　冯相喃　符明诗　杭　莹
黄银盈　李珏琬　李松林　钱宇彬　曲晶晶　沈奕清
汤业蓥　汪家伟　王金晴　王绥智　王紫旋　问高生
杨丙栋　张　璐　张雅亭　张仪慈

2016级（30人）

鲍　威　陈　露　成　果　崔婷雯　戴佳寅　邓象月
董宇辰　范嫣宇　耿骁航　何恺轩　侯伊姗　吉　钰
赖　玮　李琳辉　李　珊　刘良芳　刘昕雨　刘志强
潘韵超　庞　漵　彭娅芬　汤瑜婷　汪旭雅　王美慧
吴雨琪　熊志杰　徐婉睿　于　振　翟思婕　张　钰

2017级（21人）

陈　蕊　陈相希　付凌云　黄道驰　雷　冰　廖　崇
刘璟昊　孟柳江　庞学如　瞿　真　任程乐　任泓潏
孙　龙　孙元嶒　王　江　王小虎　魏嘉豪　肖思佳
张　宇　钟　磊　周　睿

2018 级（28 人）

曹　勇　陈　辰　丁婕羽　耿尚辰　郭文凯　韩　焕
黄桢铭　雷旭飞　李京泽　李　婧　李欣欣　刘诚翼
刘丽宁　陆天宇　马焕朝　马庆岚　聂雅瑄　盛星榕
舒鹭惠　王佳颖　韦继云　奚嘉颖　杨沛雯　臧函书
赵新龙　赵　阳　钟　媛　邹敏姝

2019 级（27 人）

包晓龙　丁然然　高聪聪　胡　莼　蒋宇嘉　赖鸿伟
刘俊浩　陆文斌　吕西涵　牛国庆　戎嘉辰　孙若凌
覃柏然　涂凌云　万海超　万云捷　王俊皓　王智杰
吴燕婷　肖乐兮　徐思成　薛孟岳　杨　方　张紫玉
赵丽茹　钟雯隽　邹海援

2020 级（28 人）

常建徽　陈彦伊　陈梓恒　邓永辉　丁安洁　窦宇贤
冯皓钰　李景行　李芊慧　李诗琪　李哲诚　李治凡
林世星　刘　淼　刘松源　蒲俞宁　苏　佩　汤慈航
王傲莹　王玉萱　王子娇　相婉莹　杨上任　尹一鸣
于　茜　张高亮　张　倚　周倩如

2021 级（28 人）

陈宇骐　程琬琁　董玉洁　宫　敖　胡懿竹　胡　雨
黄斯羽　黎耀午　李昊天　李媛媛　李运晨　刘颖婕
刘雨薇　罗珺喆　马　誉　倪婧方　孙佳霓　滕雄博

王　靓　王姝雯　王艺涵　项羽菲　谢　斌　杨　慧
张秋雯　郑德超　钟王慧　朱金芾

2022级（28人）

陈丽衡　陈明讴　陈钱婷　陈　越　陈泽曦　费　飞
侯湘林　黄子策　雷澍濡　李萌萌　李如城　林小洋
骆弟军　马筱璇　热伊罕古丽·阿布都热合曼
王锐秦健　蔚勇亮　希尔艾力·托迪巴克　夏雨涵
谢俊杰　徐　璐　杨　行　杨齐尧　占轶阳　袁灵旖
张修源　赵　杰　朱　笑

2004 年 11 月 04 级同学在学校第三届鱼文化节上展示金鱼

2006年12月举办水族发展前景与自主创业座谈会

2007 年 10 月第二届国际休闲水族展览会宣传专业

2007 年 10 月第二届水族科学与产业发展研讨会在上海农业展览馆召开

2007 年 10 月水族科学商店的专业同学与水族爱好者

2007 年 10 月水族专业同学参加观赏鱼评比会

2007 年 11 月 04 级与 05 级王磊、刘艳、龚婷、夏梦男荣获上海大学生
科普志愿者服务社“优秀志愿者”

2008 年 10 月承办第三届上海国际休闲水族展览会七彩神仙鱼和金鱼大赛

获奖证书

夏梦男、唐宇学、俞政、张义青、甘宝媚同学：

你们的作品《人工湿地与浮岛的观赏性设计创业计划书》在第六届“挑战杯”瓮福中国大学生创业计划竞赛中荣获银奖。

特发此证。

共青团中央　中国科协　教育部　全国学联

二〇〇八年十一月

2008 年 12 月 05 级水族夏梦男、唐宇学、俞政、张义青、甘宝媚
获第六届中国大学生创业计划大赛挑战杯银奖

2009 年 10 月第四届水族科学与产业发展研讨会 OFI 秘书长 Alex Ploeg 作报告

2010 年学生在上海青浦实习基地繁殖金鱼

2011 年学生在浙江善琏实习

2012 年学生在上海浦东实习期间为玳瑁诊疗

2013 年 7 月考察马来西亚龙鱼繁殖场

2014 年 8 月专业教师走访观赏鱼产学研基地

2014 年 10 月承办第九届上海国际休闲水族展览会七彩神仙鱼大赛

2015 年 6 月陈再忠教授担任新加坡国际七彩神仙鱼大赛评委

2015 年 10 月承办第十届上海国际休闲水族展览会七彩神仙鱼大赛

2016 年 8 月专业教师走访水族企业

2016 年 11 月陈再忠教授担任世界七彩神仙鱼锦标赛裁判

2017 年田仁周等同学获得第四届全国大学生水族箱造景技能大赛一等奖

图书在版编目(CIP)数据

水族科学与技术专业史:2003-2023/陈再忠,谭洪新主编;高建忠,温彬,徐灿副主编. —上海:上海三联书店,2024.1
ISBN 978-7-5426-8353-3

Ⅰ.①水… Ⅱ.①陈… ②谭… ③高… ④温… ⑤徐… Ⅲ.①水产生物-学科建设-研究-上海-2003-2023 Ⅳ.①S94

中国国家版本馆 CIP 数据核字(2024)第 014595 号

水族科学与技术专业史(2003—2023)

主　　编/陈再忠　谭洪新
副 主 编/高建忠　温　彬　徐　灿

责任编辑/杜　鹃
装帧设计/一本好书
监　　制/姚　军
责任校对/王凌霄

出版发行/上海三联书店
(200041)中国上海市静安区威海路 755 号 30 楼
邮　　箱/sdxsanlian@sina.com
联系电话/编辑部:021-22895517
发行部:021-22895559
印　　刷/上海颛辉印刷厂有限公司

版　　次/2024 年 1 月第 1 版
印　　次/2024 年 1 月第 1 次印刷
开　　本/640 mm×960 mm　1/16
字　　数/90 千字
印　　张/8.25
书　　号/ISBN 978-7-5426-8353-3/K·759
定　　价/68.00 元